"十四五"职业教育国家规划教材

电子电路分析与调试

主 编 毛玉青 廖建平

电子工业出版社

Publishing House of Electronics Industry

北京·BEIJING

内 容 简 介

本书采用项目化课程开发方法，以仿真电子产品为教学载体，培养学生电子元器件的选购，常用工具仪表的操作，电路识读、分析、调试、性能优化等职业技能。

本书共 8 个项目，分别为 LED 小夜灯的分析与调试、LED 声控灯的分析与调试、简易助听器的分析与调试、简易电子琴的分析与调试、产品质量检测仪的分析与调试、四路数显抢答器的分析与调试、LED 彩灯的分析与调试、简易数字钟的分析与调试。有些项目还包括相关知识讲解，配套有"动动脑""动动手"或"手脑合作"模块，为方便学生预习与复习，知识讲解部分插入对应知识点讲解微视频或授课课件的二维码。"动动脑""动动手""手脑合作"模块对应插入任务重点、难点部分指导视频或图片的二维码。本书内容深入浅出，主要培养学生的实际动手能力和职业技能。

本书适合作为中高等职业院校电子、电气、信息、机电等专业的教材，也可作为相关技术人员的参考用书。

图书在版编目（CIP）数据

电子电路分析与调试 / 毛玉青，廖建平主编 . —北京：电子工业出版社，2021.9

ISBN 978-7-121-42084-9

Ⅰ . ①电… Ⅱ . ①毛… ②廖… Ⅲ . ①电子电路—电路分析—高等职业教育—教材 ②电子电路—调试方法—高等职业教育—教材 Ⅳ . ①TN710

中国版本图书馆 CIP 数据核字（2021）第 190666 号

责任编辑：郭乃明　　特约编辑：田学清

印　　刷：北京七彩京通数码快印有限公司
装　　订：北京七彩京通数码快印有限公司
出版发行：电子工业出版社
　　　　　北京市海淀区万寿路 173 信箱　邮编　100036
开　　本：787×1 092　1/16　印张：15　字数：384 千字
版　　次：2021 年 9 月第 1 版
印　　次：2024 年 12 月第 6 次印刷
定　　价：47.00 元

凡所购买电子工业出版社图书有缺损问题，请向购买书店调换。若书店售缺，请与本社发行部联系，联系及邮购电话：（010）88254888，88258888。

质量投诉请发邮件至 zlts@phei.com.cn，盗版侵权举报请发邮件至 dbqq@phei.com.cn。

本书咨询联系方式：（010）88254561，guonm@phei.com.cn。

前　　言

本书是衢州职业技术学院课程建设的项目成果之一，是"电子电路分析与调试"课程的配套教材。编者结合企业电子电路的调研及企业专家的经验指导，将传统的模拟电子技术、数字电子技术进行整合，围绕工作岗位对应的电子产品电路工作原理分析及功能调试技能，在充分考虑课程知识结构与学生学习特点的基础上，从实际产品中提炼出适合培养学生技能且满足实际产品功能需要的仿真电子产品作为教学载体，展开项目化任务驱动教学，项目内容采用教、学、做相结合的模式来设计。

本书共分模拟电子电路分析与调试、数字电子电路分析与调试两个模块，每个模块各编排 4 个从实际项目中提炼出的教学项目，将每个项目所需的知识点碎片化后融合到若干个子任务中，学生完成所有子任务后再做项目的综合任务。每个子任务的编排：首先，编排子任务所需知识点，为方便学生课前预习和课后复习，对应插入知识点分析讲解的微视频或授课课件的二维码；然后，编排与任务过程配套的"动动脑""动动手"或"手脑合作"模块，为学生在做任务遇到困难时提供帮助，对应插入任务重点、难点部分指导视频或图片的二维码。

本书项目包括 LED 小夜灯的分析与调试、LED 声控灯的分析与调试、简易助听器的分析与调试、简易电子琴的分析与调试、产品质量检测仪的分析与调试、四路数显抢答器的分析与调试、LED 彩灯的分析与调试、简易数字钟的分析与调试。其中，前面 4 个项目涵盖了：

（1）二极管的识别、检测方法。

（2）二极管伏安特性、电路模型，以及限幅电路、整流电路、电容滤波电路、稳压管稳压电路的分析与调试。

（3）三极管工作状态、伏安特性，以及主要放大电路、多级放大器、反馈电路、电压比较电路、主要运算电路、RC 方波振荡电路的分析与调试。

（4）LED 小夜灯、LED 声控灯、简易助听器及简易电子琴电路的设计与调试。

后面 4 个项目涵盖了：

（1）逻辑代数与逻辑运算分析，逻辑函数的表示、转化及化简方法（公式法、卡诺图法），组合逻辑电路功能的分析，数制与编码分析。

（2）编码器、译码器、显示译码器及数据选择器的分析与测试。

（3）组合逻辑电路、三人表决器、四路数显抢答器、产品质量检测仪及简易数字钟的设计与调试。

（4）逻辑门芯片的识别与测试、用译码器实现组合逻辑电路、用数据选择器实现组合逻辑函数、触发器的识别与测试、用分频器实现彩灯效果、用 555 定时器实现触发脉冲、用寄存器实现彩灯效果、时序逻辑电路的分析与设计、集成计数器的识别与应用。

本书最大的特点是把课程的知识点融入仿真电子产品的设计、分析与调试教学项目中，每个教学项目均为学生提供了参考电路设计方案，学生也可以根据项目的任务要求自行设计对应功能的电路。在任务完成过程中，教师仅仅是组织者，学生的主体性和主动性得以充分体现，以便培养学生的自学能力、创新能力和可持续发展能力。

本书由浙江省衢州职业技术学院的毛玉青、廖建平任主编，衢州职业技术学院的徐云川、郑逸任副主编。其中，廖建平负责项目 1.3 的编写，郑逸与徐云川负责项目 2.4 的编写，其他 6 个项目均由毛玉青编写。由于编写时间仓促及对项目化教学先进理念理解不够，书中难免有错误和疏漏，敬请各位读者批评指正。

目　　录

模块 1　模拟电子电路的分析与调试

本模块包括 LED 小夜灯的分析与调试、LED 声控灯的分析与调试、简易助听器的分析与调试、简易电子琴的分析与调试 4 个项目。

其中，LED 小夜灯的分析与调试项目主要涵盖了二极管的识别与检测、二极管伏安特性的分析与调试、二极管电路模型的分析与调试、二极管限幅电路的分析与调试、二极管整流电路的分析与调试、电容滤波电路的分析与调试、稳压管稳压电路的分析与调试、LED 小夜灯的设计与调试。

LED 声控灯的分析与调试项目主要涵盖了三极管工作状态的分析与测试、三极管伏安特性的分析与测试、三极管固定偏置共发射极放大电路的分析与调试、三极管分压式共发射极放大电路的分析与调试、三极管共集电极放大电路的分析与调试、三极管共基极放大电路的分析与调试、LED 声控灯的设计与调试。

简易助听器的分析与调试项目主要涵盖了差动放大电路的分析与调试、多级放大电路的分析与调试、功率放大电路的分析与调试、反馈电路的分析与调试、简易助听器的设计与调试。

简易电子琴的分析与调试项目主要涵盖了电压比较器的分析与调试、比例/加减运算电路的分析与调试、微积分运算电路的分析与调试、RC 振荡电路的分析与调试、简易电子琴的设计与调试。

项目 1.1　LED 小夜灯的分析与调试

↘ 学习目标

能力目标：会识别常见的二极管；会调试二极管的单向导电性；会测试二极管伏安特性曲线；会分析调试稳压管稳压电路的整流、滤波；会分析并调试 LED 小夜灯。

知识目标：熟悉二极管的基本特性，掌握二极管整流电路、电容滤波电路、稳压管稳压电路的工作原理。

项目背景

近年来，我们在市场上能发现各种各样的 LED 小夜灯，如图 1.1.1 所示，它们造型别致，耗电量小，价格便宜，体积小巧，便于携带，光线柔和，因此受到了大家的青睐，尤其受到广大年轻朋友的喜爱，无论在学校寝室，还是在个人卧室，LED 小夜灯都被广泛使用。本项目开发的 LED 小夜灯电路原理图如图 1.1.2 所示，该电路主要由电容降压电路、桥式整流电路、电容滤波电路构成，提供直流稳压电源，用于 LED 等的照明。

图 1.1.1　实际生产的 LED 小夜灯

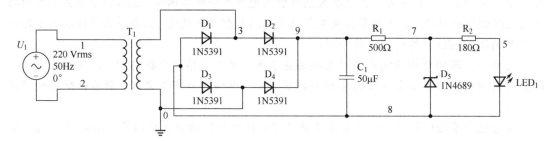

图 1.1.2　本项目开发的 LED 小夜灯电路原理图

任务 1.1.1　二极管的识别与检测

1. 半导体与 PN 结

自然界中的物质按其导电能力可分为导体、半导体和绝缘体。半导体又可分为本征半导体和杂质半导体。

1）关于半导体的几个概念

载流子：可以运动的带电粒子。

自由电子：可以自由移动的电子。

束缚电子：共价键内由相邻原子各用一个价电子组成的两个电子。

空穴：束缚电子脱离共价键成为自由电子后，在原来的位置留有的空位。

2）本征半导体

完全纯净、结构完整的半导体称为本征半导体，常见的有硅半导体和锗半导体。本征半导体中存在数量相等的两种载流子，即带负电的自由电子和带正电的空穴，它们都可以运载电荷形成电流。

3）杂质半导体

在本征半导体中加入微量杂质，使其导电性能显著改变的半导体称为杂质半导体。根据掺入杂质的性质不同，杂质半导体分为两类：电子型（N 型）半导体和空穴型（P 型）半导体。在杂质半导体中，多数载流子的浓度主要取决于掺入的杂质浓度；而少数载流子的浓度主要取决于温度。无论是 N 型半导体还是 P 型半导体，从总体上看，它们仍然保持着电中性。

（1）N 型半导体。

在硅（或锗）半导体晶体中，掺入微量的五价元素，如磷（P）、砷（As）等，即构成 N 型半导体。

五价元素具有五个价电子，它们进入由硅（或锗）组成的半导体晶体中，五价的原子取代四价的硅（或锗）原子，在与相邻的硅（或锗）原子组成共价键时，因为多出的一个价电子不受共价键的束缚，它很容易成为自由电子，所以半导体中自由电子的数目大量增加。自由电子参与导电移动后，在原来的位置留下一个不能移动的正离子，半导体仍然呈现电中性，但与此同时没有相应的空穴产生。

结论：在 N 型半导体中，自由电子为多数载流子（多子，主要由掺杂形成），空穴为少数载流子（少子，由本征激发形成）。N 型半导体主要靠自由电子导电。

（2）P 型半导体。

在硅（或锗）半导体晶体中，掺入微量的三价元素，如硼（B）、铟（In）等，即构成 P 型半导体。

三价的元素只有三个价电子，在与相邻的硅（或锗）原子组成共价键时，由于缺少一个价电子，因此在半导体晶体中产生一个空位，邻近的束缚电子如果获得足够的能量，那么有可能填补这个空位，使原子成为一个不能移动的负离子，半导体仍然呈现电中性，但与此同时没有相应的自由电子产生。

结论：在 P 型半导体中，空穴为多数载流子（多子，主要由掺杂形成），自由电子为少数载流子（少子，由本征激发形成）。P 型半导体主要靠空穴导电。

4）PN 结的形成

（1）扩散运动：多数载流子因浓度上的差异而引起载流子从浓度高的地方向浓度低的地方迁移的过程。

（2）空间电荷区：空穴和自由电子均是带电的粒子，扩散使得 P 区和 N 区原来的电中性被破坏，在交界面两侧形成的一个不能移动的带异性电荷的离子层。

（3）漂移运动：空间电荷区出现后，在正负电荷的作用下，产生一个从 N 区指向 P 区的内电场。内电场会对多数载流子的扩散运动起阻碍作用。同时，内电场可推动少数载流子（P 区的自由电子和 N 区的空穴）越过空间电荷区，进入对方。少数载流子在内电场作用下进行有规则的运动，这称为漂移运动。

（4）PN 结的形成。漂移运动和扩散运动的方向相反，最终达到动态平衡，$I_{扩}＝I_{漂}$，空间电荷区的宽度达到稳定，即形成 PN 结。利用一定的掺杂工艺使半导体的一侧呈 P 型，另一侧呈 N 型，则其交界处就可形成 PN 结。

5）PN 结的单向导电性

PN 结的单向导电性是指 PN 结外加正向电压时具有较大的正向扩散电流，处于导通状态；外加反向电压时具有很小的反向漂移电流，处于截止状态。

（1）PN 结正偏。如果 PN 结 P 端接高电位，N 端接低电位，那么称 PN 结外加正向电压，又称 PN 结正向偏置，简称 PN 结正偏。

（2）PN 结反偏。如果 PN 结 P 端接低电位，N 端接高电位，那么称 PN 结外加反向电压，又称 PN 结反向偏置，简称 PN 结反偏。

2．二极管结构

二极管是由一个 PN 结外加两根引脚封装而成的。二极管结构及符号如图 1.1.3 所示。

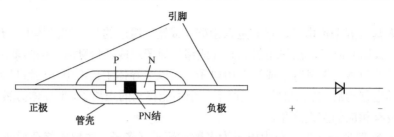

图 1.1.3　二极管结构及符号

1）国产二极管型号的命名方法

国产二极管的型号命名分为五部分：第一部分用数字"2"表示主称为二极管；第二部分用字母表示二极管的材料与极性；第三部分用字母表示二极管的类型；第四部分用数字表示二极管的序号；第五部分用字母表示二极管的规格号。国产晶体管型号的命名方法如表 1.1.1 所示。

表 1.1.1　国产晶体管型号的命名方法

第一部分		第二部分		第三部分		第四部分	第五部分
用数字表示元器件的电极数目		用字母表示元器件的材料和极性		用字母表示元器件的类型		用数字表示元器件序号	用字母表示元器件的规格号
符号	意义	符号	意义	符号	意义		
2	二极管	A	N 型，锗材料	P	普通管		
		B	P 型，锗材料	V	微波管		
		C	N 型，硅材料	W	稳压管		
		D	P 型，硅材料	C	参量管		
3	三极管	A	PNP 型，锗材料	Z	整流管		
		B	NPN 型，锗材料	L	整流堆		
		C	PNP 型，硅材料	S	隧道管		
		D	NPN 型，硅材料	N	阻尼管		
		E	化合物材料	U	光电元器件		

2）普通二极管的识别与测试

（1）极性的判别。

将指针式万用表置于 R×100 挡或 R×1k 挡，两表笔分别接二极管的两个电极，测出一个结果后，对调两表笔，再测出一个结果。在两次测量的结果中，一次测量出的阻值较大（为反向电阻），另一次测量出的阻值较小（为正向电阻）。在阻值较小的一次测量中，黑表笔接的是二极管的正极，红表笔接的是二极管的负极。

将数字万用表拨至"二极管、蜂鸣"挡，红表笔接黑表笔有+2.8V 的电压，此时数字万用表显示的是所测二极管的压降（单位为 mV）。在正常情况下，正向测量时压降为 300～700，反向测量时为溢出"1"。若正反向测量均显示"000"，则说明二极管短路；若正向测量显示溢出"1"，则说明二极管开路（某些硅堆正向压降有可能显示溢出）。另外，此法可用来辨别硅管和锗管。若正向测量的压降为 500～800，则所测二极管为硅管；若正向测量的压降为 150～300，则所测二极管为锗管。

（2）单向导电性能的检测及好坏的判断。

通常，锗材料二极管的正向电阻值为 1kΩ 左右，反向电阻值为 300kΩ 左右；硅材料二极管的正向电阻值为 5kΩ 左右，反向电阻值为 ∞（无穷大）。正向电阻值越小越好，反向电阻值越大越好。正反向电阻值相差越悬殊，说明二极管的单向导电性能越好。

若测得二极管的正反向电阻值均接近 0 或较小，则说明该二极管内部已击穿短路或漏电损坏。若测得二极管的正反向电阻值均为无穷大，则说明该二极管已开路损坏。

（3）反向击穿电压的检测。

二极管反向击穿电压（耐压值）可以用晶体管直流参数测试表测量。在测量时，先将测试表的"NPN/PNP"选择键设置为 NPN 状态，再将被测二极管的正极插入测试表的"c"插孔，负极插入测试表的"e"插孔，然后按下"V"键，测试表即可指示二极管的反向击穿电压值。

也可用兆欧表和万用表来测量二极管的反向击穿电压：在测量时，被测二极管的负极与兆欧表的正极相接，被测二极管的正极与兆欧表的负极相接，同时用万用表（置于合适的直流电压挡）监测二极管两端的电压。摇动兆欧表手柄（应由慢逐渐加快），当二极管两端电压稳定不再上升时，此电压值即二极管的反向击穿电压。

3）发光二极管的识别与检测

发光二极管简称 LED。发光二极管正向导通，当导通电流足够大时，能把电能直接转换为光能，从而发光。目前发光二极管的颜色有红色、黄色、橙色、绿色、白色和蓝色 6 种，所发光的颜色主要取决于制作管子的材料。发光二极管导通电压比普通二极管导通电压大，其工作电压随材料的不同而不同，一般为 1.7V～2.4V。普通绿色、黄色、红色、橙色发光二极管的工作电压约为 2V；白色发光二极管的工作电压通常高于 2.4V；蓝色发光二极管的工作电压一般高于 3.3V。发光二极管的工作电流一般为 2mA～25mA。

（1）单色发光二极管的检测。

①目测极性。判别红外发光二极管的正负电极。红外发光二极管有两个引脚，通常长引脚为正极，短引脚为负极。因为红外发光二极管呈透明状，所以管壳内的电极清晰可见，内部电极尺寸较大的一个为负极，而尺寸较小的一个为正极。

②用指针式万用表检测极性。在万用表外部附接一节 1.5V 干电池，将万用表置于 R×10 挡或 R×100 挡。这种接法相当于给万用表串接上了 1.5V 电压，使检测电压增加至 3V（发光二极管的开启电压为 2V）。在检测时，用万用表两表笔轮换接发光二极管的两引脚，若管子性能良好，则必定有一次能正常发光。此时，黑表笔所接为正极，红表笔所接为负极。

（2）红外发光二极管的检测。

将万用表置于 R×1k 挡，测量红外发光二极管的正反向电阻值。通常，正向电阻值应为

30kΩ 左右，反向电阻值应为 500kΩ 以上，这样的管子才可正常使用。反向电阻值越大越好。

（3）红外接收二极管的检测。

红外接收二极管即光电二极管或光敏二极管，它是一种光接收元器件，其 PN 结工作在反偏状态，可以将光能转换为电能，实现光电转换。

①识别引脚极性主要有以下两种方法。

目测（从外观上识别）。常见的红外接收二极管外观颜色为黑色。在识别引脚时，面对受光窗口，从左至右，分别为正极和负极。另外，在红外接收二极管的管体顶端有一个小斜切平面，通常带有此斜切平面一端的引脚为负极，另一端的引脚为正极。

用指针式万用表检测。将万用表置于 R×1k 挡，用判别普通二极管正负电极的方法进行检查，即交换红黑表笔测量两次管子两引脚间的电阻值，正常时，所得阻值应一大一小。以阻值较小的一次为准，红表笔所接引脚为负极，黑表笔所接引脚为正极。

②检测性能好坏。

用万用表电阻挡测量红外接收二极管正、反向电阻值，根据正、反向电阻值的大小，即可初步判定红外接收二极管的好坏。

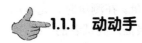 **1.1.1　动动手**

1．仿真测试二极管的单向导电性

在 Multisim 环境下搭建如图 1.1.4 所示电路，观察 LED 的亮灭情况，判断二极管是处于导通状态还是处于截止状态。

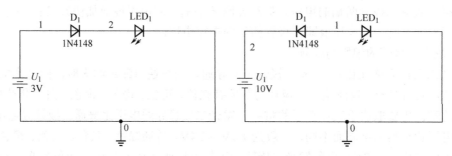

图 1.1.4　二极管单向导电性测试电路

2．用万用表判断二极管引脚极性及质量

（1）取一只普通二极管，先将指针式万用表两表笔分别接在二极管的两个引脚上，测出电阻值；然后对换两表笔，再测出一个电阻值，把以上测量数据记录在表 1.1.2 中，并根据测量结果判断二极管的引脚极性及质量。

表 1.1.2　二极管正反向电阻值

万用表挡位	电阻值 1	电阻值 2	二极管引脚极性	二极管质量情况
×100				

（2）取一只普通二极管，将数字万用表两表笔分别接在二极管的两个引脚上，测出二极管的电压值，根据电压值判断被测二极管的材料，将测量结果记入表 1.1.3 中，根据测量结

果判断二极管的引脚极性与材料，并将实际测量过程拍照后附在表 1.1.3 后面。

表 1.1.3　二极管引脚极性与材料

二极管正向电压值	引脚极性	材料

任务 1.1.2　二极管伏安特性的分析与调试

1. 二极管的伏安特性

（1）正向特性。

当二极管外加正向电压时，电流和电压的关系称为二极管的正向特性。如图 1.1.5 所示，当二极管所加正向电压比较小时（$0<U<U_{th}$），二极管上流经的电流为 0，管子仍截止，此区域称为死区，U_{th} 称为死区电压（门槛电压）。硅二极管的死区电压约为 0.5V，锗二极管的死区电压约为 0.1V。当二极管所加正向电压大于死区电压时，二极管正向导通。

（2）反向特性。

当二极管外加反向电压时，电流和电压的关系称为二极管的反向特性。如图 1.1.5 所示，当二极管外加反向电压时，反向电流很小（$I\approx-I_S$），而且在相当宽的反向电压范围内，反向电流几乎不变，称此电流为二极管的反向饱和电流。

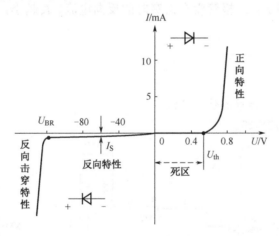

图 1.1.5　二极管特性曲线

（3）反向击穿特性。

当反向电压增大到 U_{BR} 时，反向电压稍有增大，反向电流便会急剧增大，称此现象为反向击穿，U_{BR} 为反向击穿电压。

（4）温度特性。

二极管是对温度非常敏感的元器件。实验表明，随温度升高，二极管的正向压降会减小，正向伏安特性左移，即二极管的正向压降具有负的温度系数（约为-2mV/℃）；温度升高，反向饱和电流会增大，反向伏安特性曲线下移，温度每升高 10℃，反向电流大约增加一倍。二极管温度特性曲线如图 1.1.6 所示。

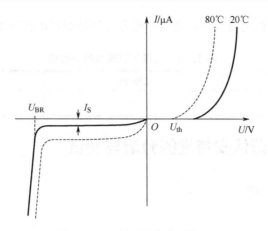

图 1.1.6　二极管温度特性曲线

2．二极管的主要参数

（1）最大整流电流 I_F：二极管长期连续工作时，允许通过二极管的最大正向电流的平均值。

（2）反向击穿电压 U_{BR}：二极管被击穿时的电压。二极管被击穿时，其反向电流剧增，二极管的单向导电性被破坏，甚至会因过热而烧坏。二极管使用手册上给出的最高反向工作电压 U_R 一般是 U_{BR} 的一半。

（3）反向饱和电流 I_S：二极管没有击穿时的反向电流。I_S 越小，二极管的单向导电性越好。

1.1.2　动动手

按照以下步骤测试二极管的伏安特性。

（1）按图 1.1.7 连接电路。

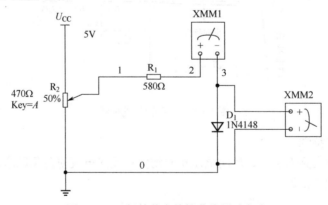

图 1.1.7　二极管伏安特性曲线测试电路

（2）调节电位器，测量二极管两端电压 U_D 为表 1.1.4 中数值时，流过二极管的电流 I_D，将结果记录在表 1.1.4 中。

（3）将电源正负极互换，测量二极管两端电压为表 1.1.5 中数值时，流过二极管的电流 I_D，将结果记录在表 1.1.5 中。

（4）根据表 1.1.4、表 1.1.5 中测得的数据，绘制出二极管的伏安特性曲线。

（5）在步骤（4）基础上将 U_{CC} 改成 500V，调节电阻，将二极管两端电压 U_D 为表 1.1.6 中数值时对应的电流值填入表 1.1.6 中。

表 1.1.4　二极管正向特性测量结果

U_D/V	0.00	0.20	0.40	0.50	0.55	0.60	0.65	0.70
I_D/mA								

表 1.1.5　二极管反向特性测量结果

U_D/V	−1.00	−2.00	−3.00	−4.00	−5.00
I_D/mA					

表 1.1.6　二极管反向击穿特性测量结果

U_D/V	−80.20	−80.30	−80.70
I_D/mA			

任务 1.1.3　二极管电路模型的分析与调试

二极管电路模型可以分为三种：理想模型、恒压降模型和折线模型。

二极管理想模型：正向导通；反向电阻值无穷大，不导通。二极管理想模型如图 1.1.8 所示，一般在理想情况下使用。

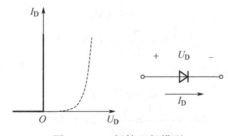

图 1.1.8　二极管理想模型

二极管恒压降模型。在电路电压远远大于压降（0.7V）的时候，把二极管看作恒压降模型。电路正向导通时，二极管间有 0.7V 的电压，反向不导通。二极管恒压降模型如图 1.1.9 所示。

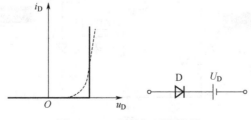

图 1.1.9　二极管恒压降模型

二极管折线模型。在电路电压接近压降（0.7V）的时候，把二极管特性曲线看作折线模型。二极管正向导通时电压为 0.5V，电阻值为 200Ω。二极管折线模型如图 1.1.10 所示。

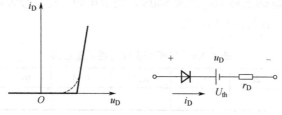

图 1.1.10　二极管折线模型

例 1：已知图 1.1.11 中的二极管是硅管，$R = 200\Omega$。

（1）当 $U_S = 5\text{V}$ 时，分别用二极管理想模型和二极管恒压降模型分析二极管上的电压和电流，并进行仿真调试。

（2）当 $U_S = -5\text{V}$ 时，分别用二极管理想模型和二极管恒压降模型分析二极管上的电压和电流，并进行仿真调试。

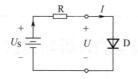

图 1.1.11　二极管电路（一）

（3）当 $U_S = 5\text{V}$ 时，二极管导通。

①用二极管理想模型进行分析。

$$U = 0 \text{（V）}$$

$$I = \frac{U_S}{R} = \frac{5}{200} = 0.025 \text{（A）}$$

②用二极管恒压降模型进行分析。

$$U \approx 0.7 \text{（V）}$$

$$I = \frac{U_S - 0.7}{R} = \frac{4.3}{200} \approx 21.5 \text{（mA）}$$

③ $U_S = 5\text{V}$ 时二极管电路仿真调试结果如图 1.1.12 所示。

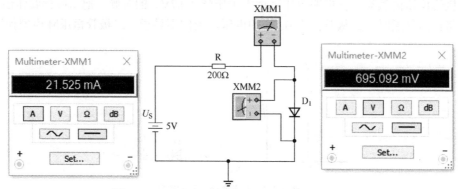

图 1.1.12　$U_S = 5\text{V}$ 时二极管电路仿真调试结果

（4）当 $U_\text{S}=-5\text{V}$ 时，二极管截止。

①用二极管理想模型进行分析。

$$U=U_\text{S}=-5\text{（V）}$$

$$I=\frac{0}{R}=0\text{（mA）}$$

②用二极管恒压降模型进行分析。

$$U=U_\text{S}=-5\text{（V）}$$

$$I=\frac{0}{R}=0\text{（mA）}$$

③ $U_\text{S}=-5\text{V}$ 时二极管电路仿真调试结果如图 1.1.13 所示。

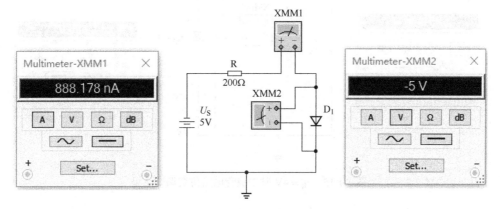

图 1.1.13　$U_\text{S}=-5\text{V}$ 时二极管电路仿真调试结果

例 2：已知图 1.1.14 中的二极管是硅管，$R=1\text{k}\Omega$，当 $U_1=2\text{V}$，输入信号为 $u_\text{i}=4\text{V}$ 的直流电压时，分别用二极管理想模型和二极管恒压降模型分析二极管上的电流 I 和电路的输出电压 u_o，并进行仿真调试。

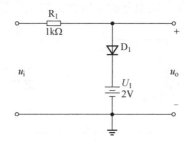

图 1.1.14　二极管电路（二）

当 u_i 为 4V 的直流电压时。

（1）用二极管理想模型进行分析。

$$I=\frac{u_\text{i}-U_1}{R}=\frac{4-2}{1000}=2\text{（mA）}$$

$$u_\text{o}=U_1=2\text{（V）}$$

（2）用二极管恒压降模型进行分析。

$$I = \frac{u_i - U_1 - U_{D1}}{R} = \frac{4 - 2 - 0.7}{1000} = 1.3 \ (\text{mA})$$

$$u_o = U_1 + U_{D1} = 2 + 0.7 = 2.7 \ (\text{V})$$

（3）$u_i = 4\text{V}$ 时二极管电路仿真调试结果如图 1.1.15 所示。

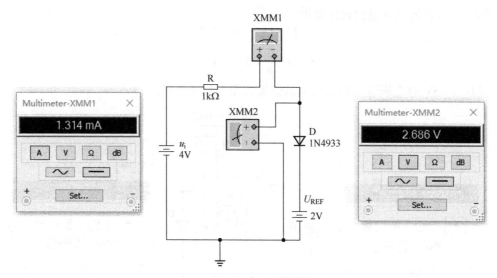
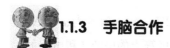

图 1.1.15 $u_i = 4\text{V}$ 时二极管电路仿真调试结果

1.1.3   手脑合作

（1）已知图 1.1.16 中的二极管是硅管，$R = 1\text{k}\Omega$，当 $U_S = 10\text{V}$ 时，分别用二极管理想模型和二极管恒压降模型分析二极管上的电压和电流，并进行仿真调试。

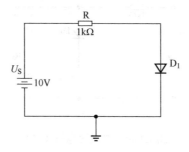

图 1.1.16   二极管电路（三）

（2）已知图 1.1.17 中的二极管是硅管，$R = 1\text{k}\Omega$，当 $U_{REF} = 3\text{V}$，输入信号 u_i 为 10V 的直流电压时，分别用二极管理想模型和二极管恒压降模型分析二极管上的电流 I 和电路的输出电压 u_o，并进行仿真调试。

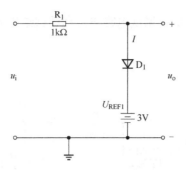

图 1.1.17　一极管电路（四）

任务 1.1.4　二极管限幅电路的分析与调试

在电子电路中，常用二极管限幅电路对各种信号进行处理。该电路的作用是让信号在预置的电平范围内有选择地传输一部分信号。

限幅电路按功能可分为上限限幅电路、下限限幅电路和双向限幅电路三种。

1. 上限限幅电路

在上限限幅电路中，当输入信号电压低于某一事先设计好的上限电压时，输出电压将随输入电压而增减；但当输入电压达到或超过该上限电压时，输出电压将保持为某个固定值，不再随输入电压改变而改变。这样，信号幅度即在输出端受到限制。

例 3：分析如图 1.1.18 所示电路并调试其输入输出波形。

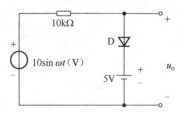

图 1.1.18　上限限幅电路

（1）分析。

当 $u_i < (5V+0.7V)$ 时，二极管反偏截止，相当于开路，回路无电流，$u_o = u_i$。

当 $u_i > (5V+0.7V)$ 时，二极管正偏导通，相当于短路，$u_o = 5V + 0.7V = 5.7V$。

上限限幅电路输入输出波形如图 1.1.19 所示。

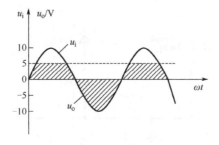

图 1.1.19　上限限幅电路输入输出波形

（2）调试。上限限幅电路仿真调试电路与仿真调试结果如图 1.1.20 所示。

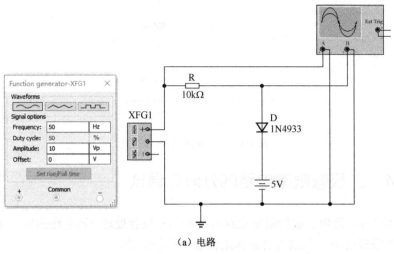

（a）电路

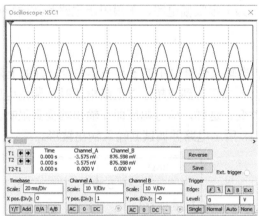

（b）仿真调试结果

图 1.1.20　上限限幅电路仿真调试电路与仿真调试结果

2．下限限幅电路

下限限幅电路在输入电压低于某一下限电平时产生限幅作用。

例 4：分析如图 1.1.21 所示电路并调试其输入输出波形。

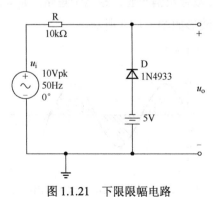

图 1.1.21　下限限幅电路

（1）分析。

当 $u_i > -(5V+0.7V)$ 时，二极管反偏截止，相当于开路，回路无电流，$u_o = u_i$。

当 $u_i < -(5V+0.7V)$ 时，二极管正偏导通，相当于短路，$u_o = -(5V+0.7V) = -5.7V$。

（2）调试。下限限幅电路仿真调试电路与仿真调试结果如图 1.1.22 所示。

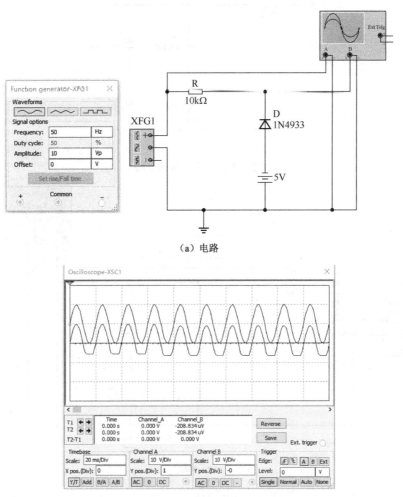

（a）电路

（b）仿真调试结果

图 1.1.22　下限限幅电路仿真调试电路与仿真调试结果

3．双向限幅电路

将上限限幅电路、下限限幅电路组合在一起，就组成了双向限幅电路。

例 5：分析如图 1.1.23 所示电路并仿真调试其输入输出波形。

（1）分析。

① u_i 正半周。

当 $u_i < (5V+0.7V)$ 时，D_1、D_2 均反偏截止，相当于开路，回路无电流，$u_o = u_i$。

当 $u_i > (5V+0.7V)$ 时，D_1 导通，D_2 截止，$u_o = (5V+0.7V) = 5.7V$。

② u_i 负半周。

当 $u_i > -(5V+0.7V)$ 时，D_1、D_2 均反偏截止，相当于开路，回路无电流，$u_o = u_i$。

当 $u_i < -(5V+0.7V)$ 时，D_2 导通，D_1 截止，$u_o = -(5V + 0.7V) = -5.7V$。

（2）调试。双向限幅电路仿真调试电路与仿真调试结果如图 1.1.24 所示。

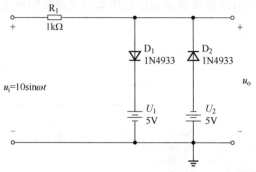

图 1.1.23 双向限幅电路

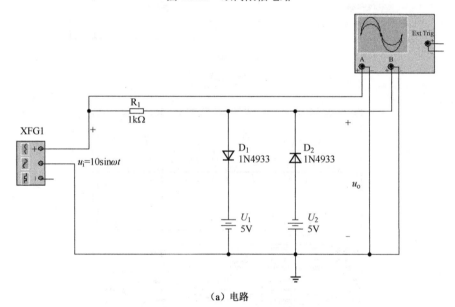

（a）电路

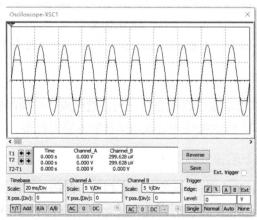

（b）仿真调试结果

图 1.1.24 双向限幅电路仿真调试电路与仿真调试结果

1.1.4　手脑合作

（1）已知图 1.1.25 中的二极管是硅管，$R=1\text{k}\Omega$，$U_{\text{REF}}=3\text{V}$，输入信号 u_i 是幅值为 6V 的交流正弦波，分析并调试电路的输入输出波形。

（2）已知图 1.1.26 中的二极管是硅管，$R=10\text{k}\Omega$，$U_{\text{REF}}=2\text{V}$，输入信号 u_i 是幅值为 10V 的交流正弦波，分析并调试电路的输入输出波形。

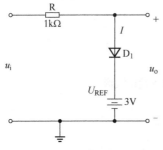
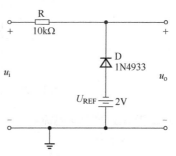

图 1.1.25　二极管电路（五）　　　　图 1.1.26　二极管电路（六）

（3）已知图 1.1.27 中的二极管是硅管，输入信号 u_i 是幅值为 10V 的交流正弦波，分析并调试电路的输入输出波形。

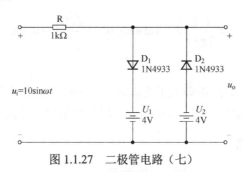

图 1.1.27　二极管电路（七）

任务 1.1.5　二极管整流电路的分析与调试

1. 单相半波整流电路

单相半波整流电路如图 1.1.28 所示。

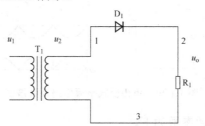

图 1.1.28　单相半波整流电路

当 $u_2>0$ 时，二极管导通，忽略二极管正向压降，$u_o=u_2$。

当 $u_2<0$ 时，二极管截止，输出电流为 0，$u_o=0$。

（1）输出波形。

单向半波整流电路的输入输出波形如图 1.1.29 所示。

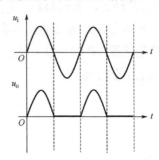

图 1.1.29　单相半波整流电路的输入输出波形

（2）二极管上的平均电流。

$$I_D = \frac{U_o}{R_L}$$

（3）二极管承受的最高电压。

$$U_{RM} = \sqrt{2}U_2$$

（4）输出电压平均值。

$$U_o = \frac{1}{2\pi}\int_0^\pi \sqrt{2}U_2 \sin\omega t\,d(\omega t) = \frac{\sqrt{2}U_2}{\pi} \approx 0.45U_2$$

（5）二极管的选择。

二极管的最大整流电流 I_F 必须大于实际流过二极管的平均电流 I_D，二极管的最大反向工作电压 U_R 必须大于二极管实际所承受的最大反向峰值电压 U_{RM}。

2．单相桥式整流电路

单相桥式整流电路及其波形如图 1.1.30 所示。

当 $u_2>0$ 时，D_1、D_3 导通，D_2、D_4 截止，电流通路为 $A \to D_1 \to R_L \to D_3 \to B$。

当 $u_2<0$ 时，D_2、D_4 导通，D_1、D_3 截止，电流通路为 $B \to D_2 \to R_L \to D_4 \to A$。

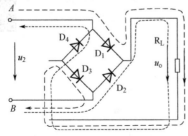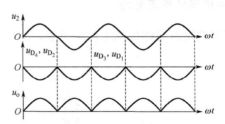

图 1.1.30　单相桥式整流电路及其波形

单相桥式整流电路的主要参数如下。

（1）整流输出电压的平均值 U_o 和脉动系数 S。

整流输出电压的平均值 U_o 和脉动系数 S 是衡量整流电路性能的两个主要指标。

全波整流时，负载电压的平均值为

$$U_o = \frac{1}{2\pi} \int_0^{2\pi} \sqrt{2}U_2 \sin\omega t \, d(\omega t) = \frac{\sqrt{2}U_2}{2\pi} \approx 0.45U_2$$

负载上的平均电流为

$$I_L = \frac{0.45U_2}{R_L}$$

脉动系数 S 是指整流输出电压的基波峰值 U_{o1m} 与平均值 U_o 之比。用傅氏级数对 u_o 进行分解，可得

$$S = \frac{U_{o1m}}{U_o} = \frac{\dfrac{4\sqrt{2}U_2}{3\pi}}{\dfrac{2\sqrt{2}U_2}{\pi}} = \frac{2}{3} \approx 0.67$$

（2）平均电流与反向峰值电压。

平均电流 I_D 与反向峰值电压 U_{RM} 是选择整流二极管的主要依据。在桥式整流电路中，每个二极管都只有半周导通。因此，流过每只整流二极管的平均电流 I_D 是负载平均电流的一半，即

$$I_D = \frac{1}{2}I_o = 0.45\frac{U_2}{R_L}$$

二极管截止时两端承受的最大反向电压为

$$U_{RM} = \sqrt{2}U_2$$

（3）二极管的选择。二极管的最大整流电流 I_F 必须大于实际流过二极管的平均电流 I_D，二极管的最大反向工作电压 U_R 必须大于二极管实际所承受的最大反向峰值电压 U_{RM}。

 ### 1.1.5　手脑合作

（1）分析并调试单相半波整流电路。

单向半波整流仿真调试电路如图 1.1.31 所示，用双踪示波器同时观察电路的输入输出波形，分析电路的工作原理。

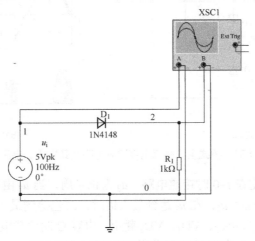

图 1.1.31　单向半波整流仿真调试电路

（2）分析测试单相桥式整流电路。单向桥式整流仿真调试电路如图 1.1.32 所示，用双踪示波器同时观察电路的输入输出波形，分析电路的工作原理。

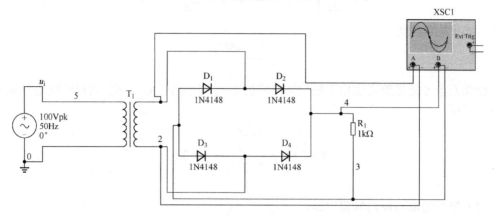

图 1.1.32　单向桥式整流仿真调试电路

任务 1.1.6　电容滤波电路的分析与调试

滤波电路可以把脉动的直流电压转换成平滑的直流电压。

滤波电路的结构特点：电容与负载并联或电感与负载串联。

滤波电路的原理：利用储能元器件两端的电压（或通过电感中的电流）不能突变的特性，滤除整流电路输出电压中的交流成分，保留其直流成分，从而平滑输出电压波形。电容是一个能储存电荷的元器件。有了电荷，两极板之间就有电压 $U_C = Q/C$。在电容量不变时，要改变电容两端电压就必须改变两端电量，而电量改变的速度取决于充放电时间常数。充放电时间常数越大，电量改变得越慢，电压变化也越慢，即交流分量越小，这样就可以滤除交流分量。

桥式全波整流电容滤波电路及其电压、电流波形如图 1.1.33 所示。

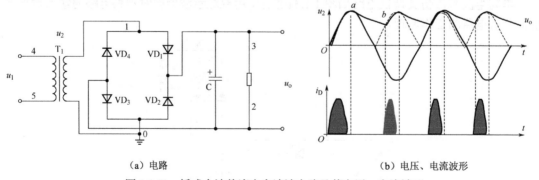

（a）电路　　　　　　　　　　　　　　　（b）电压、电流波形

图 1.1.33　桥式全波整流电容滤波电路及其电压、电流波形

（1）原理分析：假定在 $t=0$ 时接通电路，u_2 为正半周，当 u_2 由零上升时，VD_1、VD_3 导通，C 被充电，因此 $u_o = u_C \approx u_2$，在 u_2 达到最大值时，u_o 也达到最大值，见图 1.1.33（b）中 a 点，然后 u_2 下降，此时 $u_C > u_2$，VD_1、VD_3 截止，电容 C 向负载电阻 R_L 放电，由于放电时间常数 $\tau = R_L C$ 一般较大，电容电压 u_C 按指数规律缓慢下降。当 u_o（u_C）下降到图 1.1.33（b）

中 b 点后，$u_2>u_C$，VD$_2$、VD$_4$ 导通，电容 C 再次被充电，输出电压增大，以后重复上述充放电过程。

（2）电容滤波电路的特点。

输出电压 u_o 与放电时间常数 R_LC 有关，R_LC 越大，电容放电越慢，u_o（平均值）越大，一般取 $R_LC\geq(3-5)\dfrac{T}{2}$（$T$ 是电源电压的周期）。正常负载状态时，$u_o=1.2u_2$；空载时，$u_o=1.4u_2$。

流过二极管瞬时电流很大。R_LC 越大，u_o 越高，负载电流的平均值越大；整流管导电时间越短，i_D 的峰值电流越大，故一般在选管时，取 $I_{DF}=(2\sim3)\dfrac{I_L}{2}=(2\sim3)\dfrac{1}{2}\dfrac{U_o}{R_L}$。

电容滤波电路适用于输出电压较高，负载电流较小且负载变动不大的场合。

例 6：如图 1.1.33（a）所示，$u_2=20$V，说明当测得输出负载上出现 $u_o=28$V 与 $u_o=24$V 两种情况时，电路处于何种状态。

当 $u_o=28$V 时，$u_o=1.4u_2$，电路处于空载状态。

当 $u_o=24$V 时，$u_o=1.2u_2$，电路处于正常负载状态。

1.1.6　动动手

分析并调试全波整流电容滤波电路。全波整流电容滤波仿真调试电路如图 1.1.34 所示，用双踪示波器同时观察电路的输入输出波形，分析电路的工作原理。

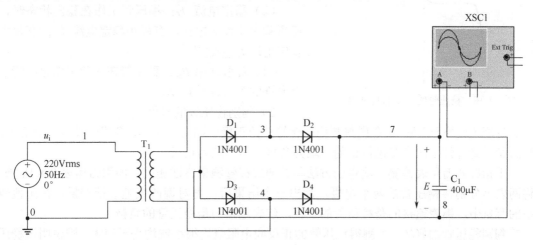

图 1.1.34　全波整流电容滤波仿真调试电路

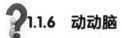

1.1.6　动动脑

设计一个桥式全波整流电容滤波电路，已知电源变压器原边是 50Hz、220V 的交流电源，负载输出电压为 30V（u_1），负载电流为 50mA，计算电源变压器副边电压 u_2 的有效值，并选择合适的整流二极管及滤波电容。桥式全波整流电容滤波电路草图如图 1.1.35 所示。

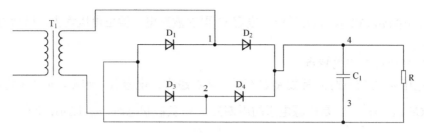

图 1.1.35　桥式全波整流电容滤波电路草图

任务 1.1.7　稳压管稳压电路的分析与调试

1. 稳压管的识别与检测

稳压二极管又称齐纳二极管，简称稳压管，是一种用特殊工艺制作的面接触型硅半导体二极管。这种管子的杂质浓度比较大，容易发生击穿，其击穿时的电压基本不随电流的变化而变化，从而可以实现稳压的目的。稳压管工作于反向击穿区。稳压管的伏安特性曲线如图 1.1.36 所示。

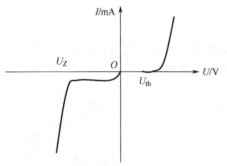

图 1.1.36　稳压管的伏安特性曲线

1）稳压管主要参数

（1）稳定电压 U_Z：当稳压管中的电流为规定值时，电路中稳压管两端产生的稳定电压。

（2）稳定电流 I_Z：稳压管工作在稳压状态时，稳压管中流过的电流，有最小稳定电流 I_{Zmin} 和最大稳定电流 I_{Zmax} 之分。

（3）耗散功率 P_M：稳压管在正常工作时，管子上允许的最大耗散功率。

2）判别稳压管的极性

目测（从外形上看）。金属封装稳压管管体的正极一端为平面形，负极一端为半圆面形。塑封稳压管管体上印有彩色标记的一端为负极，另一端为正极。

用指针式万用表检测。测量的方法与普通二极管测量方法相同，即用万用表 R×1k 挡，将两表笔分别接稳压管的两个电极，测出一个结果后，再对调两表笔进行测量。在阻值较小的测量中，黑表笔接的是稳压管的正极，红表笔接的是稳压管的负极。

判别稳压管的好坏。若测得稳压管的正反向电阻值均很小或均为无穷大，则说明该稳压管已击穿或开路损坏。

3）稳压值的测量

好的稳压管还要有准确的稳压值，业余条件下用指针式万用表即可估测出这个稳压值。估测方法：先将一个万用表置于 R×10k 挡，其黑红表笔分别接在稳压管的负极和正极，这时就模拟出稳压管的实际工作状态，再将另一个万用表置于电压挡 V×10V 或 V×50V（根据稳压值选量程）上，将红黑表笔分别搭接到刚才那个万用表的的黑红表笔上，这时测出的电压值基本上是这个稳压管的稳压值。这里之所以说"基本上"是因为第一个万用表对稳压管的偏置电流比稳压管正常使用时的偏置电流稍小，所以测出的稳压值会偏大，但基本相差不大。

这种方法只可估测稳压值小于指针式万用表高压电池电压的稳压管。如果稳压管的稳压值太高，就只能用外加电源的方法来测量了（这样看来，我们在选用指针式万用表时，选用高压电池电压为 15V 的要比 9V 的更适用）。用万用表检测稳压管极性方法与用万用表检测普通二极管极性方法相同。

2. 稳压管稳压电路分析与设计

1）稳压管的工作原理

稳压管稳压电路原理图如图 1.1.37 所示。

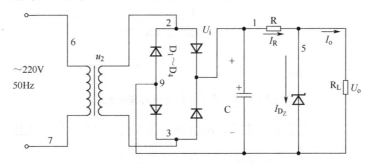

图 1.1.37　稳压管稳压电路原理图

$U_i = U_R + U_o$，$I_R = I_{D_z} + I_L$，如图 1.1.37 所示电路的输入电压和输出电压的变化趋势为

$$电网电压 \uparrow \rightarrow U_i \uparrow \rightarrow U_o \uparrow (U_Z \uparrow) \rightarrow I_{D_z} \uparrow \rightarrow I_R \uparrow \rightarrow U_R \uparrow \rightarrow U_o \downarrow$$

若 $\Delta U_I \approx \Delta U_R$，则 U_o 基本不变。利用 R 上的电压变化补偿 U_i 的波动。

$$\begin{cases} R_L \downarrow \rightarrow U_o \downarrow (U_Z \downarrow) \rightarrow I_{D_z} \downarrow \rightarrow I_R \downarrow \\ R_L \downarrow \rightarrow I_L \uparrow \rightarrow I_R \uparrow \end{cases}$$

若 $\Delta I_{D_z} \approx -\Delta I_L$，则 U_R 基本不变，U_o 也基本不变。

利用 I_{D_z} 的变化来补偿 I_L 的变化。

2）稳压管稳压电路的主要指标

（1）输出电压：$U_o = U_Z$。

（2）输出电流：$I_{Zmax} - I_{Zmin} \leqslant I_{ZM} - I_Z$。

（3）稳压系数：$S_R = \dfrac{\Delta U_o}{\Delta U_i} \cdot \dfrac{U_i}{U_o}\Big|_{R_L} = \dfrac{r_Z /\!/ R_L}{R + r_Z /\!/ R_L} \cdot \dfrac{U_i}{U_o} \approx \dfrac{r_Z}{R} \cdot \dfrac{U_i}{U_o}$。

（4）输出电阻：$R_o = r_Z /\!/ R \approx r_Z$。

3）稳压管稳压电路的设计

（1）U_i 的选择：$U_i = (2 \sim 3)U_Z$。

（2）稳压管的选择：$U_Z = U_o$，$I_{Zmax} = (1.5 \sim 3)I_{Lmax}$。

（3）限流电阻的选择：$\dfrac{U_{imax} - U_Z}{I_Z + I_{Lmin}} < R < \dfrac{U_{imin} - U_Z}{I_Z + I_{Lmax}}$。

注意：一般在稳压管安全工作条件下，R 应尽可能小，从而使输出电流范围增大。

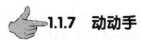 **1.1.7　动动手**

稳压管稳压仿真调试电路如图 1.1.38 所示，采用 1N4740A 作为稳压管，已知 $U_z=10V$，分析调试电路功能。

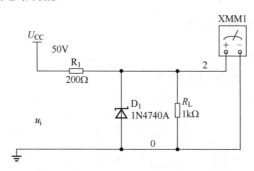

图 1.1.38　稳压管稳压仿真调试电路

（1）按表 1.1.7 要求改变输入电压，测出不同输入电压对应的输出电压，将测试结果填入表 1.1.7 中。

表 1.1.7　稳压管稳压电路输入输出电压

u_i/V	50	30	25	20	15	10
u_o/V						
1N4740A 的稳压值						

（2）按表 1.1.8 要求改变负载电阻，测出不同负载电阻对应的输出电压，将测试结果填入表 1.1.8 中。

表 1.1.8　稳压管稳压电路输出电压随负载电阻的变化

R_L/Ω	5000	1000	200	50	20	10
u_o/V						

（3）根据表 1.1.7 和表 1.1.8 的测量结果，分析稳压管 1N4740A 的稳压值，观察稳压管工作在稳压状态时，电路中输入电压或负载电阻发生改变，电路的输出电压是否仍保持稳定。

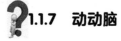 **1.1.7　动动脑**

如图 1.1.39 所示，在该硅稳压管稳压电路中，设稳压管的 $U_Z=6V$，$I_{Zmax}=40mA$，$I_{Zmin}=5mA$，$U_{imax}=15V$，$U_{imin}=12V$；$R_{Lmax}=600Ω$，$R_{Lmin}=300Ω$；并给定当 I_Z 由 I_{Zmax} 变到 I_{Zmin} 时，U_Z 的变化量为 0.35V。试选择合适的限流电阻阻值 R。

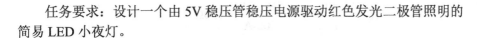

图 1.1.39　硅稳压管稳压电路

任务 1.1.8　LED 小夜灯的设计与调试

任务要求：设计一个由 5V 稳压管稳压电源驱动红色发光二极管照明的简易 LED 小夜灯。

1. 关联知识

发光二极管的反向击穿电压约为 5V，它的正向伏安特性曲线坡度很陡，在使用时必须串联限流电阻以控制通过管子的电流。电源电压与二极管工作电压的差值就是分压电阻要分掉的电压，再用这个电压除以二极管的工作电流就能计算出这个分压电阻的阻值，即限流电阻阻值为

$$R_1 = \frac{E - U_F}{I_F}$$

式中，E 为电源电压，这里指的是要设计的 5V 直流电源；U_F 为 LED 小夜灯的正向工作压降，红色发光二极管和黄色发光二极管的工作电压都是 2V，其他颜色发光二极管的工作电压都是 3V；I_F 为 LED 小夜灯的工作电流（2mA～25mA），一般可以取 20mA。例如，$U_F = 2V$ 发光二极管的 $R_1 = \frac{5 - 2}{0.02} = 150$（Ω）。

2. 设计思路

首先，市电正常工作时，220V、50Hz 的交流电经变压器降压并经整流滤波电路整流滤波成较稳定的脉动电流，经过电容滤波后得到更加稳定的直流电流，最后供给 LED 小夜灯。LED 小夜灯原理框图和 LED 小夜灯设计草图分别如图 1.1.40 和图 1.1.41 所示。

图 1.1.40　LED 小夜灯原理框图

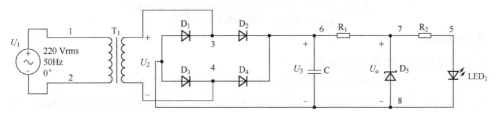

图 1.1.41　LED 小夜灯设计草图

3. 设计过程

（1）确定变压器系数。

$$U_o = E = 5V$$

$$U_3 = (2 \sim 3)U_o = 10V \sim 15V$$

$$U_2 = \frac{U_3}{1.2} = \frac{10V \sim 15V}{1.2} \approx 8.3V \sim 12.5V$$

$$变压器系数 = \frac{8.3V \sim 12.5V}{220V} \approx 0.04 \sim 0.06$$

（2）确定 LED 的限流电阻阻值。

$$R_2 = \frac{U_o - U_{\text{LED}_1}}{I_{\text{LED}_1}} = \frac{5V - 2V}{20mA} = 150\Omega$$

（3）确定滤波电容电容量。

$$R_{\text{LED}_1} = \frac{U_{\text{LED}_1}}{I_{\text{LED}_1}} = \frac{2V}{20mA} = 100\Omega$$

$$R_{\text{L}} = R_2 + R_{\text{LED}_1} = 250\Omega$$

$$R_{\text{L}}C > (3 \sim 5)\frac{T}{2} \Rightarrow C > \frac{2T}{R_{\text{L}}} > \frac{2 \times \frac{1}{50}}{250\Omega} > 0.000975F$$

（4）确定整流二极管。

$$I_{\text{L}} = I_o = \frac{U_o}{R_{\text{L}}} = \frac{5V}{250\Omega} = 0.02A$$

$$I_{\text{D}} = \frac{I_{\text{L}}}{2} = 0.0125A$$

$$U_{\text{D}} = \sqrt{2}U_2 = 9V \sim 18V$$

可选取整流二极管型号：1N5391（$I_{\text{D}} = 1.5A$，$U_{\text{D}} = 50V$）。

（5）确定稳压二极管。

$$U_{\text{D}} = U_o = 5V$$

可选取二极管型号：1N4689（$U_Z = 5.1V$，$1mA \leqslant I_Z \leqslant 49mA$，$I_{\text{ZM}} = 55mA$）。

$$I_{\text{ZM}} = (1.5 \sim 3)I_{\text{oM}} = 0.0375A \sim 0.075A$$

（6）确定 R_1。

$$R_1 \leqslant \frac{U_{\text{Imin}} - U_Z}{I_{\text{Zmin}} + I_{\text{Lmax}}} = \frac{10V - 5V}{0.001A + 0.02A} = 238\Omega$$

$$R_1 \geqslant \frac{U_{\text{Imax}} - U_Z}{I_{\text{Zmax}} + I_{\text{Lmax}}} = \frac{15V - 5V}{0.049A + 0.02A} = 145\Omega$$

选 $R_1 = 200\Omega$。

综上，电路各元器件选择如下。

$$R_1 = 180\Omega，R_2 = 150\Omega，D_5 选择 1N4689，C = 0.0005F$$

D_1、D_2、D_3、D_4 选择 1N5391，变压器系数为 0.05。正确的 LED 小夜灯电路如图 1.1.42 所示。

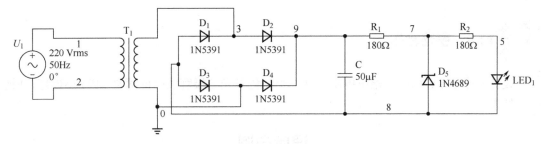

图 1.1.42　正确的 LED 小夜灯电路

4. 仿真调试 LED 小夜灯

用示波器观察滤波后与整流后的电压是否符合设计要求。LED 小夜灯仿真调试电路和 LED 小夜灯仿真调试结果分别如图 1.1.43 和图 1.1.44 所示。

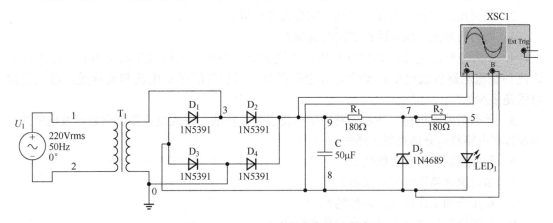

图 1.1.43　LED 小夜灯仿真调试电路

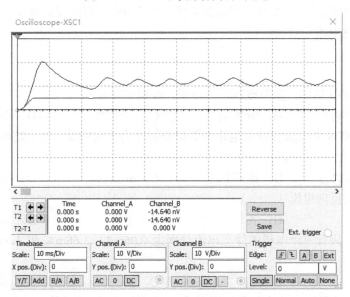

图 1.1.44　LED 小夜灯仿真调试结果

1.1.8　手脑合作

设计一个由 9V 稳压管稳压电源驱动三个红色发光二极管照明的简易 LED 小夜灯，并调试其结果。

课后自测

一、思考题

1．二极管的伏安特性指什么？画出二极管的伏安特性曲线。硅二极管、锗二极管的死区电压和导通压降分别是多少？

2．如何用万用表判别普通二极管的极性与材料？

3．如何对发光二极管进行识别与检测？

4．什么是整流电路？如何分析单相半波整流电路和单相桥式整流电路的工作原理？这两种整流电路负载电压的平均值分别是多少？二极管的平均电流和能承受的最高反向电压是多少？

5．什么是滤波电路？滤波电路的结构特点是怎样的？桥式全波整流电容滤波电路的工作原理和电路特点分别是怎么样的？

6．如何判别稳压管的极性？

7．如何测量稳压管的稳压值？

8．稳压管的工作原理是怎样的？

9．稳压管稳压电路的设计步骤是怎样的？

10．设计一个桥式全波整流电容滤波电路，用 220V、50Hz 交流供电，要求输出直流电压 U_o=45V，负载电流 I_L=200mA。

二、选择题

1．在 N 型半导体中，多数载流子为电子，N 型半导体（　　　）。

　　A．带正电　　　　B．带负电　　　　C．不带电　　　　D．不能确定

2．如果在 NPN 型三极管放大电路中测得发射结为正向偏置，集电结也为正向偏置，则此管的工作状态为（　　　）。

　　A．放大状态　　B．饱和状态　　C．截止状态　　D．不能确定

3．二极管的反向电阻（　　　）。

　　A．小　　　　　B．大　　　　　C．中等　　　　D．为零

4．若测得三极管三个电极的静态电流分别为 0.06mA、3.66mA 和 3.6mA，则该管的 β 为（　　　）。

　　A．70　　　　　B．40　　　　　C．50　　　　　D．60

5．在单相桥式整流电路中，若变压器次级电压为 10V（有效值），则每只整流二极管承受的最大反向电压为（　　　）。

A．10V　　　　　B．$10\sqrt{2}$ V　　　　C．$\dfrac{10}{\sqrt{2}}$ V　　　　D．20V

6．对于桥式全波整流电容滤波电路，若设整流输入电压为 20V，则此时输出的电压约为（　　）。

A．24V　　　　　B．18V　　　　C．9V　　　　D．28.2V

7．设有两个硅稳压管，$U_{z_1}=6$V，$U_{z_2}=9$V，下面不是二者串联时可能得到的稳压值的是（　　）。

A．15 V　　　　　B．6.7 V　　　　C．9.7 V　　　　D．3 V

三、填空题

1．根据掺入的杂质不同，杂质半导体可分为两类：一类是在 Si 或 Ge 的晶体中掺入正三价的硼，称为_____或_____，其中_____是多数载流子，_____是少数载流子；另一类是在 Si 或 Ge 中掺入正五价的磷，称为_____或_____，其中_____是多数载流子，_____是少数载流子。

2．PN 结最重要的特性是_____，它是一切半导体元器件的基础。

3．稳压管主要工作在_____区。在稳压时一定要在电路中加入_____限流。

4．发光二极管（LED）的正向导通电压比普通二极管的正向导通电压高，通常是_____V；其反向击穿电压较低，为_____V，正常工作电流为_____mA。

5．光电二极管在电路中要_____连接才能正常工作。

四、综合题

1．如图 1.1.45 所示，判断此时的二极管是处于导通状态还是处于截止状态，$R=10$kΩ，试求出 AO 两点间的电压 U_{AO}（设二极管的正向压降是 0.7V）。

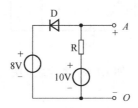

图 1.1.45　综合题 1 图

2．如图 1.1.46 所示，稳压管 D_1、D_2 的稳定电压分别为 8V、6V，设稳压管的正向压降是 0.7V，试求 U_o。

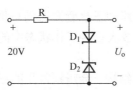

图 1.1.46　综合题 2 图

3．如图 1.1.47 所示，二极管为理想元器件，变压器原边电压有效值 U_1 为 220V，负载

电阻 $R_L = 750\Omega$ 。变压器系数 $k = \dfrac{N_1}{N_2} = 10$ 。试求：

（1）变压器副边电压有效值 U_2 。

（2）负载电阻 R_L 上电流平均值 I_0 。

（3）在表 1.1.9 列出的常用二极管中选出合适的二极管。

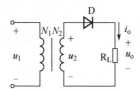

图 1.1.47 综合题 3 图

表 1.1.9 综合题 3 表

型号	最大整流电流平均值	最高反向峰值电压
2AP1	16mA	20V
2AP10	100mA	25V
2AP4	16mA	50V

4．如图 1.1.48 所示，变压器副边电压有效值 $U_2 = 10\text{V}$ ，负载电阻阻值 $R_L = 500\Omega$ ，电容的电容量 $C = 1000\mu\text{F}$ ，当输出电压平均值 U_0 为 14V、12V、10V、9V、4.5V 时，哪个是合理的？哪个表明电路出现了故障？并指出故障原因。

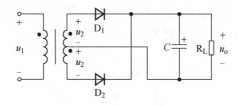

图 1.1.48 综合题 4 图

项目 1.2 LED 声控灯的设计与调试

学习目标

能力目标：能用万用表测量电路中三极管发射结与集电结的电压；能根据测量结果分析电路中的三极管处于饱和、截止、放大三种工作状态中的哪一种；能分析调试三极管四种基本放大电路。

知识目标：了解三极管的基本结构；会辨别常见的三极管及其类型；掌握三极管的放大特性和开关特性；理解三极管基本放大电路的工作原理。

 **项目背景**

声控灯已经广泛应用在居民楼的楼道中，它给人民的生活带来了很多便利。这些声控灯电路中几乎都使用了集成电路，并且直接使用 220V 的交流电源。虽然这样简化了电路，但初学者理解这种较复杂的电路有一定的困难，调试电路也具有一定的危险性。本项目开发的一款简单 LED 声控灯电路原理图如图 1.2.1 所示。它主要采用了三极管等分立元器件和低压电源，适合初学者学习，声音信号经 C_1 耦合到 Q_1 进行放大，放大后的信号送到 Q_2 的基极，由 Q_2 驱动 5 个 LED 发光，声响越大，LED 越亮。舞台 LED 声控彩灯如图 1.2.2 所示。

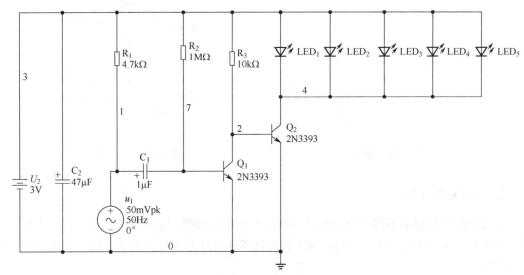

图 1.2.1 本项目开发的一款简单 LED 声控灯电路原理图

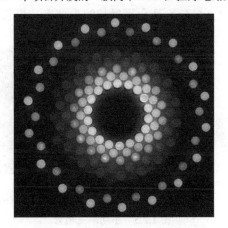

图 1.2.2 舞台 LED 声控彩灯

任务 1.2.1 三极管工作状态的分析与测试

晶体三极管简称三极管，它有放大、饱和、截止三种工作状态。三极管是放大电路的核心元器件，也是理想的无触点开关元器件。

1. 三极管基础知识

三极管按内部结构不同可分为 NPN 型三极管和 PNP 型三极管；按材料不同可分为锗三极管和硅三极管等。三极管符号如图 1.2.3 所示，三极管结构如图 1.2.4 所示。三极管有三个工作区，即发射区、基区、集电区；两个 PN 结，即发射结（BE）、集电结（BC）；三个电极，即发射极 E、基极 B 和集电极 C。三极管符号中发射极上的箭头方向表示发射结正偏时电流的流向。

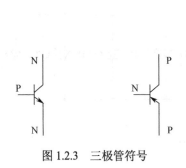

图 1.2.3　三极管符号　　　　　　　　图 1.2.4　三极管结构

2. 三极管的分类

三极管按工作频率不同可分为低频三极管和高频三极管；按功率不同可分为小功率三极管、中功率三极管和大功率三极管；按封装材料不同可分为金属封装的三极管、塑料封装的三极管等。

（1）小功率三极管。把集电极最大允许耗散功率 P_{CM} 在 1W 以下的三极管称为小功率三极管，如图 1.2.5 所示。图 1.2.5（a）是金属封装的小功率三极管，图 1.2.5（b）是塑料封装的小功率三极管。

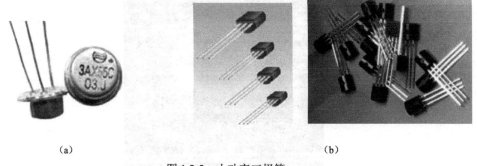

（a）　　　　　　　　　　　　　　　　　　（b）

图 1.2.5　小功率三极管

（2）中功率三极管。把集电极最大允许耗散功率 P_{CM} 为 1W～10W 的三极管称为中功率三极管，如图 1.2.6 所示。中功率三极管主要用于驱动电路和激励电路，为大功率放大器提供驱动信号。图 1.2.6（a）是塑料封装的中功率三极管，图 1.2.6（b）是金属封装的中功率三极管。

（3）大功率三极管。把集电极最大允许耗散功率 P_{CM} 在 10W 以上的三极管称为大功率三极管，如图 1.2.7 所示。图 1.2.7（a）所示为金属封装的大功率三极管，图 1.2.7（b）所示为塑料封装的大功率三极管。

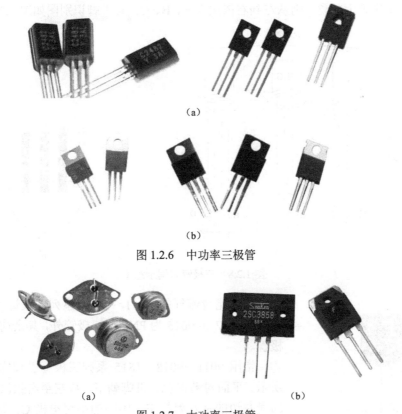

（a）

（b）

图 1.2.6　中功率三极管

（a）　　　　　　　　　　　　　（b）

图 1.2.7　大功率三极管

3．三极管的主要参数

（1）电流放大系数 β：即电流放大倍数，表示三极管放大能力，分为直流放大系数和交流放大系数。

（2）耗散功率 P_{CM}：三极管参数变化不超过规定允许值时的最大集电极耗散功率。

（3）频率特性：三极管的电流放大系数与工作频率有关，如果三极管工作频率超过了允许的范围，那么其放大能力会降低，甚至失去放大作用。

（4）集电极最大电流 I_{CM}：三极管集电极所允许通过的最大电流。集电极电流 I_C 上升会导致 β 下降，β 下降到正常值的 2/3 时对应的集电极电流即集电极最大电流 I_{CM}。

（5）最大反向电压：三极管正常工作时所允许加的最大工作电压，包括集电极与发射极之间的反向击穿电压 U_{CEO}、集电极与基极之间的反向击穿电压 U_{CBO}，以及发射极与基极之间的反向击穿电压 U_{EBO}。

（6）反向电流：包括集电极与基极之间的反向电流 I_{CBO}、集电极与发射极之间的反向电流 I_{CEO}。

4．三极管的识别

对于国产小功率金属封装三极管，从底视图来看，其三个引脚构成等腰三角形的三个顶点，从左向右依次为 E、B、C；有管键的管子，从管键处按顺时针方向依次为 E、B、C，其引脚识别图如图 1.2.8（a）所示。对于国产中小功率塑封三极管，将其平面朝外，半圆形朝内，三个引脚朝上放置，则从左到右依次为 E、B、C，其引脚识别图如图 1.2.8（b）所示。

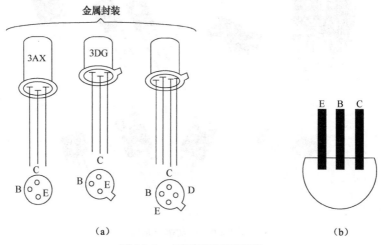

（a）　　　　　　　　　　　　　　　　　　　　　　（b）

图 1.2.8　三极管识别示意图

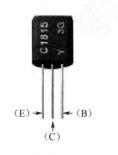

图 1.2.9　常用 9011～9018、
1815 系列三极管引脚排列

　　如今比较流行的 9011～9018 系列三极管为高频小功率管，除 9012 和 9015 为 PNP 型三极管外，其余均为 NPN 型三极管。

　　常用 9011～9018、1815 系列三极管引脚排列如图 1.2.9 所示。平面对着自己，引脚朝下，从左至右依次是 E、C、B，即最左边的是发射极 E，中间的是集电极 C，最右边的是基极 B。

　　贴片三极管有三个电极的，也有四个电极的。一般三个电极的贴片三极管从顶端往下看有两边，上边只有一个引脚，为集电极，下边的两个引脚分别是基极和发射极。对于四个电极的贴片三极管，比较大的一个引脚是三极管的集电极，另有两个相通引脚是发射极，余下的一个是基极。贴片三极管引脚如图 1.2.10 所示。

图 1.2.10　贴片三极管引脚

5．三极管的测试

1）用指针式万用表测试

用指针式万用表测试三极管基极如图 1.2.11 所示。指针式万用表红表笔接表内电源负极，黑表笔接表内电源正极，在用指针式万用表判断普通三极管的三个电极极性及好坏时，选择 R×100 或 R×1k 挡位，测量时手不要接触三极管引脚。

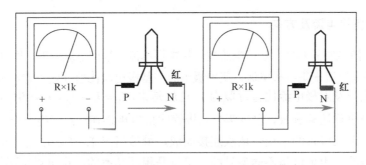

图 1.2.11　用指针式万用表测试三极管基极

（1）找基极：首先对三极管的三个电极进行编号命名（如三个电极分别为 1 引脚、2 引脚、3 引脚），设其中任一电极为基极，将黑表笔接在假设基极上，将红表笔分别接到另外两个引脚上，分别测量假设基极与另外两个极间的正反向电阻值。

①若两次测得正反向电阻值都很小（指针向右偏转大。若交换两表笔重测，则两次测得阻值应都很大），则假设正确，并且为 NPN 型三极管。

②若两次测得正反向电阻值都很大（指针向右偏转小或基本不偏转。若交换两表笔重测，则两次测得阻值应都很小），则假设正确，并且为 PNP 型三极管。

（2）区分集电极和发射极：黑表笔接在假定的集电极上，红表笔接在假定的发射极上，并将 100kΩ 电阻跨接在基极和假定的集电极之间，若跨接电阻后指针的偏转角度明显变大，则假设正确。交换两表笔重复此过程，如果也有上述现象，则以偏转较大的一次为准。集电极和发射极间的 100kΩ 电阻可用手指头电阻（也可用舌头电阻）代替，但不能使集电极和发射极直接接触。对于 NPN 型三极管，跨接电阻后，当指针偏转较大时，红表笔接的是发射极，黑表笔接的是集电极。对于 PNP 型三极管，跨接电阻后，当指针偏转较大时，红表笔接的是集电极，黑表笔接的是发射极。

2）用数字万用表测试

（1）数字万用表的校正。数字万用表置于二极管挡位，红表笔和黑表笔短接，万用表显示"000"并发出"嘀"声，校正完成，否则检查表笔是否插入正确或损坏。

（2）数字万用表置于二极管挡位，红表笔固定连接某个引脚，用黑表笔依次接另外两个引脚，如果两次显示值均小于 1V 或都显示溢出符号"OL"或"1"，则红表笔所接的引脚就是基极。如果在两次测试中，一次显示值小于 1V，另一次显示溢出符号"OL"或"1"（视不同的数字万用表而定），则表明红表笔接的引脚不是基极 B，应更换其他引脚重新测量，直到找出基极。

（3）基极确定后，用红表笔接基极，黑表笔依次接另外两个引脚，如果显示屏上的数值都为 0.600V～0.800V，则所测三极管属于硅 NPN 型中小功率管。其中，显示数值较大的一次，黑表笔所接引脚为发射极。如果显示屏上的数值都为 0.400V～0.600V，则所测三极管属于硅 NPN 型大功率管。其中，显示数值大的一次，黑表笔所接的引脚为发射极。

用红表笔接基极，黑表笔先后接另外两个引脚，若两次都显示溢出符号"OL"或"1"，调换表笔测量，即黑表笔接基极，红表笔接另外两个引脚，显示数值都大于 0.400V，则表明所测三极管属于硅 PNP 型三极管。其中，数值大的一次，红表笔所接的引脚为发射极。

数字万用表在测量过程中，若显示屏上的数值都小于 0.400V，则所测三极管属于锗管。

6．三极管各极电流及方向

三极管为电流控制元器件，基极电流控制集电极电流，基极电流增加，集电极电流也增加。发射极电流＝基极电流＋集电极电流。集电极电流与基极电流比值变化不大，近似为常数。

集电极电流与发射极电流比值近似为 1。也就是说，$I_E = I_C + I_B$，$I_C = \beta I_B$，$I_E = (1+\beta)I_B$。

复合三极管也称达林顿管，它将两个三极管的集电极连在一起，将一个三极管的发射极直接耦合到另一个三极管的基极，依次连接而成，最后引出 E、B、C 三个电极。两个三极管可以是同型号的，也可以是不同型号的；可以是相同功率的，也可以是不同功率的。

复合三极管一般应用于功率放大器、稳压电源，通常有四种接法，分别为 NPN+NPN、PNP+PNP、NPN+PNP、PNP+NPN，如图 1.2.12 所示。

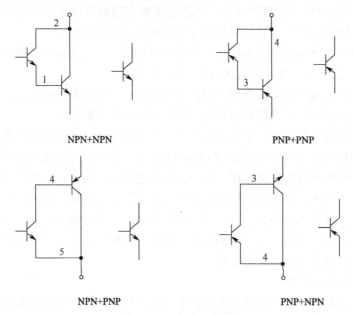

图 1.2.12　复合三极管

对于同类型三极管相连的复合三极管，有
$$\beta \approx \beta_1 \beta_2, \quad r_{BE} = r_{BE1} + (1+\beta_1)r_{BE2}$$
对于不同类型三极管相连的复合三极管，有
$$\beta \approx \beta_1 \beta_2, \quad r_{BE} = r_{BE1}$$

7．三极管工作状态

（1）放大状态。当三极管处于放大状态时，集电极电流是基极电流的 β 倍，即 $I_C = \beta I_B$，并且 $\Delta I_C = \beta \Delta I_B$。

三极管工作在放大状态的内部条件：集电区面积较大；基区较薄，掺杂浓度较低；发射区掺杂浓度较高。

三极管工作在放大状态的外部条件：发射结正偏，集电结反偏，即

$$U_{BE}>0，U_{BC}<0（NPN 型三极管）$$
或　　　　　　　　　　$$U_{BE}<0，U_{BC}>0（PNP 型三极管）$$

（2）饱和状态。当三极管处于饱和状态时 $U_{CE}<U_{BE}$，$\beta I_B>I_C$，$U_{CE}\approx0.3V$。三极管工作在饱和状态的条件：发射结正偏，集电结正偏，即

$$U_{BE}>0，U_{BC}>0（NPN 型三极管）$$
或　　　　　　　　　　$$U_{BE}<0，U_{BC}<0（PNP 型三极管）$$

（3）截止状态。当三极管处于截止状态时，$U_{BE}<$死区电压，$I_B=0$，$I_C=I_{CEO}\approx0$。三极管工作在截止状态的条件：发射结反偏，集电结反偏，即

$$U_{BE}<0，U_{BC}<0（NPN 型三极管）$$
或　　　　　　　　　　$$U_{BE}>0，U_{BC}>0（PNP 型三极管）$$

8．根据放大状态时的电位判断三极管材料和三个电极

（1）三个引脚中电位居中的引脚为 B，三个引脚电位两两相减，与 B 引脚电位差值为 0.7V（或 0.2V）的引脚为 E，另一引脚为 C，并由此可知是硅管（或锗管）。

（2）求 U_{BE}、U_{BC}，若符合 $U_{BE}>0$ 且 $U_{BC}<0$，则为 NPN 型三极管；若符合 $U_{BE}<0$ 且 $U_{BC}>0$，则为 PNP 型三极管。

 ### 1.2.1　动动手

NPN 型三极管各极电流之间关系的仿真测试

三极管各极电流测试仿真电路如图 1.2.13 所示，测量三组电流数据，填入表 1.2.1 中。根据测量数据分析三极管各极电流关系和电流放大特性。

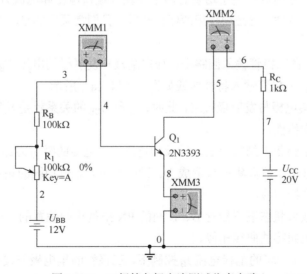

图 1.2.13　三极管各极电流测试仿真电路

表 1.2.1　三极管各极电流

R_1	I_B	I_C	I_E	I_B+I_C
0%				
20%				
61%				

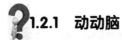 1.2.1　动动脑

（1）根据三极管三个电极的电位判断三极管的工作状态，已知测得三极管三个电极对地电位分别如下，试判断三极管的工作状态。

$U_B = 3.7V$，$U_E=3.5V$，$U_C=7V$（NPN 型三极管）。

$U_B = 3.7V$，$U_E=3.5V$，$U_C=1V$（NPN 型三极管）。

$U_B = 3.7V$，$U_E=3.9V$，$U_C=5V$（NPN 型三极管）。

$U_B = 3.7V$，$U_E=3.5V$，$U_C=1V$（PNP 型三极管）。

（2）一个晶体管处于放大状态，已知其三个电极的电位分别为 6V、10V 和 6.2V。试判别三个电极，并确定该管的类型和所用的半导体材料。

任务 1.2.2　三极管伏安特性的分析与测试

三极管的伏安特性曲线是描述三极管各端电流与两个 PN 结外加电压之间关系的一种形式，它能直观全面地反映三极管电气性能的外部特性。三极管的特性曲线一般用实验方法描绘或专用仪器（如晶体管图示仪）测量得到。三极管为三端元器件，在电路中要构成四端网络，它的每对端子均要有两个变量（端口电压和电流），因此要在平面坐标上表示三极管的伏安特性，就必须采用两组曲线簇，我们常采用的是输入特性曲线簇和输出特性曲线簇。

（1）输入特性：在三极管输入回路中，加在基极和发射极的电压 U_{BE} 与由它产生的基极电流 I_B 之间的关系。三极管输入特性曲线如图 1.2.14（a）所示。

$U_{CE} =0$ 相当于集电极与发射极短路，此时，I_B 和 U_{BE} 的关系就是发射结和集电结两个正向二极管并联的伏安特性。

$U_{CE} \geq 1V$ 相当于给集电结加上固定的反向电压，集电结的吸引力加强。这样，从发射区进入基区的绝大部分电子流向集电极形成 I_C。同时，在 U_{BE} 值相同的条件下，流向基极的 I_B 减小，即输入特性曲线右移。

总之，因为在放大状态下三极管 B、E 间的 PN 结是正向偏置的，所以三极管的输入特性曲线与二极管的正向特性曲线相似。

（2）输出特性：在一定的基极电流 I_B 控制下，三极管的集电极与发射极之间的电压 U_{CE} 同集电极电流 I_C 的关系。三极管输出特性曲线如图 1.2.14（b）所示。三极管输出特性包括放大区、截止区和饱和区三个工作区。

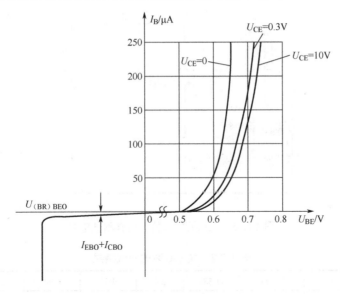

（a）三极管输入特性曲线

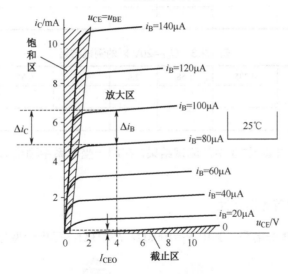

（b）三极管输出特性曲线

图 1.2.14　三极管伏安特性曲线

 **1.2.2　动动手**

1. 仿真测试三极管输入特性

三极管输入特性仿真测试电路如图 1.2.15 所示。

（1）不接电源 U_{CC}，即当 $u_{CE}=0$ 时，调节 U_{BB} 分别为表 1.2.2 所列数值，测出对应的 u_{BE} 和 i_B。

（2）接入电源电压 $U_{CC}=20\text{V}$（保证 $U_{CE}>1\text{V}$），采用类似上述步骤测出各数值，填入表 1.2.3 中。

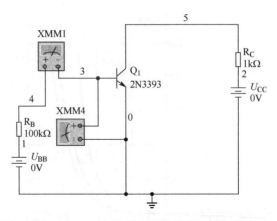

图 1.2.15 三极管输入特性仿真测试电路

表 1.2.2 $U_{CC}=0$ 时的测试结果

U_{BB}/V	0.001	0.205	1.58	2.6	4.62	6.64	8.64	10.65
u_{BE}/V								
$i_B/\mu A$								

表 1.2.3 $U_{CC}=20V$ 时的测试结果

U_{BB}/V	0.001	0.205	1.58	2.6	4.62	6.64	8.64	10.65
u_{BE}/V								
$i_B/\mu A$								

（3）根据表 1.2.2 与表 1.2.3 中的测试结果，在同一坐标系中画出 U_{BE}（横轴）、I_B（纵轴）的关系曲线图。

2. 仿真测试三极管输出特性

（1）按图 1.2.16 接好电路，其中 $R_1=100k\Omega$，$R_2=1k\Omega$，三极管型号为 2N3393。

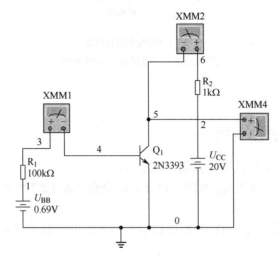

图 1.2.16 三极管输出特性仿真测试电路

（2）调节电源电压 U_{BB}=0.69V，当 i_B=1μA 时，调节电源电压 U_{CC} 分别为表 1.2.4 所列数值，测出对应的 u_{CE} 和 i_C，将结果填入表 1.2.4 中。

表 1.2.4　i_B=1μA 时，U_{CE} 和 i_C 的测量值

U_{CC}/V	20	15	10	5	2	1
u_{CE}/V						
i_C/mA						

（3）调节电源电压 U_{BB}=1.61V，当 i_B=10μA 时，调节电源电压 U_{CC} 分别为表 1.2.5 所列数值，测出对应的 u_{CE} 和 i_C，将结果填入表 1.2.5 中。

表 1.2.5　i_B=10μA 时，U_{CE} 和 i_C 的测量值

U_{CC}/V	20	15	10	5	2	1
u_{CE}/V						
i_C/mA						

（4）调节电源电压 U_{BB}=2.7V，当 i_B=20μA 时，调节电源电压 U_{CC} 分别为表 1.2.6 所列数值，测出对应的 u_{CE} 和 i_C，将结果填入表 1.2.6 中。

表 1.2.6　i_B=20μA 时，U_{CE} 和 i_C 的测量值

U_{CC}/V	20	15	10	5	2	1
u_{CE}/V						
i_C/mA						

（5）调节电源电压 U_{BB}=5.7V，当 i_B=40μA 时，调节电源电压 U_{CC} 分别为表 1.2.7 所列数值，测出对应的 u_{CE} 和 i_C，将结果填入表 1.2.7 中。

表 1.2.7　i_B=40μA 时，U_{CE} 和 i_C 的测量值

U_{CC}/V	20	15	10	5	2	1
u_{CE}/V						
i_C/mA						

（6）调节电源电压 U_{BB}=6.7V，当 i_B=60μA 时，调节电源电压 U_{CC} 分别为表 1.2.8 所列数值，测出对应的 u_{CE} 和 i_C，将结果填入表 1.2.8 中。

表 1.2.8　i_B=60μA 时，U_{CE} 和 i_C 的测量值

U_{CC}/V	20	15	10	5	2	1
u_{CE}/V						
i_C/mA						

（7）调节电源电压 U_{BB}=8.7V，当 i_B=80μA 时，调节电源电压 U_{CC} 分别为表 1.2.9 所列数值，测出对应的 u_{CE} 和 i_C，将结果填入表 1.2.9 中。

表 1.2.9　i_B=80μA 时，U_{CE} 和 i_C 的测量值

U_{CC}/V	20	15	10	5	2	1
u_{CE}/V						
i_C/mA						

（8）调节电源电压 U_{BB}=10.7V，当 i_B=100μA 时，调节电源电压 U_{CC} 分别为表 1.2.10 所列数值，测出对应的 u_{CE} 和 i_C，将结果填入表 1.2.10 中。

表 1.2.10　i_B=100μA 时，U_{CE} 和 i_C 的测量值

U_{CC}/V	20	15	10	5	2	1
u_{CE}/V						
i_C/mA						

（9）根据表 1.2.4～表 1.2.10 中的测试结果，在同一坐标系中画出对应每一个 i_B 的三极管输出特性曲线（曲线簇）。

任务1.2.3　三极管固定偏置共发射极放大电路的分析与调试

1. 放大电路分析

1）静态和静态分析

静态是指放大电路不加输入信号（u_i=0）时的工作状态，也称直流工作状态或静止状态。静态时的放大电路中只有直流电源起作用，三极管各极静态电流、静态电压（I_B、I_C、U_{CE}）都是直流量。

静态分析就是确定放大电路的静态工作点 Q，即确定 u_i=0 时三极管的各极电流和电压（I_{BQ}、I_{CQ}、U_{CEQ}）等。静态分析在直流通路上进行。画直流通路的原则是，电容视为开路，电感视为短路，保留直流电源。

2）动态和动态分析

动态是指放大电路加上输入信号（$u_i \neq 0$）时的工作状态。

动态分析就是研究输入信号作用下放大电路的电压放大倍数 A_u、输入电阻 R_i、输出电阻 R_o 和最大输出幅度等。

放大电路的电压放大倍数 $A_u = \dfrac{u_o}{u_i}$ 是衡量放大电路对信号放大能力的主要技术参数。电压放大倍数的分贝值表示方法是 A_u（dB）= $20\lg |A_u|$。

放大电路的输入电阻 $R_i = \dfrac{u_i}{i_i}$ 是从放大电路输入端看进去的等效电阻。

放大电路的输出相当于负载的信号源，信号源的内阻称为放大电路的输出电阻 R_o，R_o 表明放大电路带负载的能力，R_o 越小，放大电路带负载的能力越强，反之则差，输出电阻的计算公式为

$$R_o = \left. \frac{u}{i} \right|_{\substack{u_s=0 \\ R_L=\infty}}$$

在测量输出电阻时，先测量开路电压 u_o，然后测量接入负载后的电压 $u_o^{'}$，则 $R_o = \left(\dfrac{u_o}{u_o^{'}} - 1 \right) R_i$。

动态分析在交流通路中进行。画交流通路的原则是，电容足够大时视为短路，电感出现感抗，理想电压源视为短路，理想电流源视为开路。

2．三极管固定偏置共发射极放大电路分析

三极管固定偏置共发射极放大电路如图 1.2.17 所示。

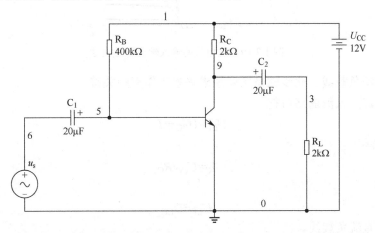

图 1.2.17　三极管固定偏置共发射极放大电路

1）静态分析

（1）估算法求静态工作点。

①画直流通路。将交流电源置零，电容视为开路，电感视为短路，保留直流电源。共发射极放大电路及其直流通路如图 1.2.18 所示。

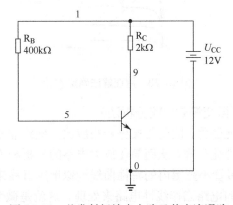

图 1.2.18　共发射极放大电路及其直流通路

②根据直流通路估算静态工作点。

$$U_{CC} = I_B R_B + U_{BE} \Rightarrow I_B = \frac{U_{CC} - U_{BE}}{R_B}, \quad I_C = \beta I_B, \quad I_E = (1 + \beta) I_B$$

$$U_{CE} = U_{CC} - I_C R_C$$

（2）图解法求 Q 点。利用三极管的输入输出特性曲线求解静态工作点的方法称为图解法，分析步骤如下。

①按已选好的三极管型号在手册中查找或利用晶体管图示仪描绘出三极管的输入输出特性曲线，如图 1.2.19 所示。

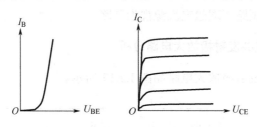

图 1.2.19　三极管的输入输出特性曲线

②画出直流负载线。此步骤是图解法求静态工作点的关键。

由放大电路的直流通路可得

$$U_{CE}=U_{CC}-I_{RC}$$

令 $U_{CE}=0$，可得

$$I_C=U_{CC}/R_C$$

令 $I_C=0$，可得

$$U_{CE}=U_{CC}$$

连接两点即得直流负载线。

③确定静态工作点。直流负载线与特性曲线的交点有多个，只有 I_{BQ} 对应的交点才是 Q 点。用图解法确定 Q 点如图 1.2.20 所示。

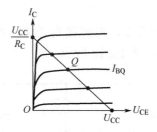

图 1.2.20　用图解法确定 Q 点

2）动态分析（小信号微变等效电路分析法）

由于三极管是非线性元器件，因此直接分析相应放大电路非常困难。建立小信号模型就是将非线性元器件进行线性化处理，从而简化放大电路的分析和设计。当放大电路的输入信号电压很小时，可以把三极管小范围内的特性曲线近似地用直线来代替，从而可以把由三极管这个非线性元器件组成的电路当作线性电路来处理。这就是微变等效电路分析法。

（1）三极管的微变等效电路模型。

当输入交流微变信号时，非线性元器件三极管可用微变等效电路（线性电路）来代替。这样就把三极管的非线性问题转化为线性问题。三极管的微变等效电路模型如图 1.2.21 所示，其中

$$r_{BE} = 200\Omega + (1+\beta)\frac{26mV}{I_{EQ}}$$

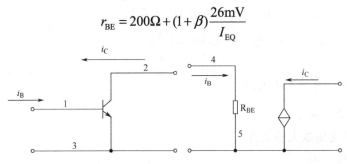

图 1.2.21　三极管的微变等效电路模型

（2）用微变等效电路分析法分析固定偏置共发射极放大电路。

①画直流通路，找 Q 点。

$$I_{BQ} = \frac{U_{CC} - U_{BEQ}}{R_B} \approx \frac{U_{CC}}{R_B}$$

$$I_{EQ} = (1+\beta)I_{BQ}$$

$$I_{EQ} \approx I_{CQ} = \beta I_{BQ}$$

②定参量。

$$r_{BE} = 200\Omega + (1+\beta)\frac{26mV}{I_{EQ}}$$

③画交流通路。电容视为短路，电感视为开路，直流电源接地。固定偏置共发射极放大电路交流通路如图 1.2.22 所示。

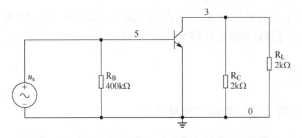

图 1.2.22　固定偏置共发射极放大电路交流通路

④画微变等效电路。固定偏置共发射极放大电路的微变等效电路如图 1.2.23 所示，求动态指标。

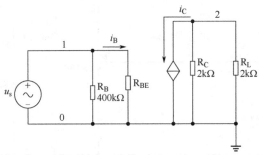

图 1.2.23　固定偏置共发射极放大电路的微变等效电路

电压放大倍数：$u_o = -i_C(R_C // R_L) = -\beta i_B(R_C // R_L)$。

输入电压：$u_i = i_B r_{BE}$，因此：$A_u = \dfrac{u_o}{u_i} = -\dfrac{\beta R'_L}{r_{BE}}$。

输入电阻：$R_i = \dfrac{u_i}{i_i} = R_B // r_{BE}$。

输出电阻：$R_o = R_C$。

3）放大电路实现放大的条件

（1）直流偏置正确。

外加电源必须保证三极管的发射结正偏，集电结反偏，并提供合适的静态工作点 Q（I_{BQ}、I_{CQ} 和 U_{CEQ}）。

（2）交流通路畅通。

输入电压 u_i 要能引起三极管的基极电流 i_B 进行相应的变化。三极管集电极电流 i_C 的变化要尽可能转换为电压的变化输出。

4）静态工作点选择不当引起输出波形的非线性失真

失真是指输出信号的波形与输入信号的波形不一致。三极管是一种非线性元器件，有截止区、放大区、饱和区三个工作区，如果信号在放大的过程中，放大电路的工作范围超出了特性曲线的线性放大区域，进入了截止区或饱和区，集电极电流 I_C 与基极电流 I_B 不再具有线性比例的关系，那么输出信号会出现非线性失真。非线性失真分为截止失真和饱和失真两种。

①截止失真。当放大电路的静态工作点 Q 选取比较低时，I_{BQ} 较小，输入信号的负半周进入截止区而造成的失真称为截止失真。

②饱和失真。当放大电路的静态工作点 Q 选取比较高时，I_{BQ} 较大，U_{CEQ} 较小，输入信号的正半周进入饱和区而造成的失真称为饱和失真。

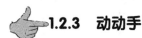 **1.2.3　动动手**

1. 静态工作点对输出波形影响的仿真测试

静态工作点对输出波形影响的仿真测试电路如图 1.2.24 所示。

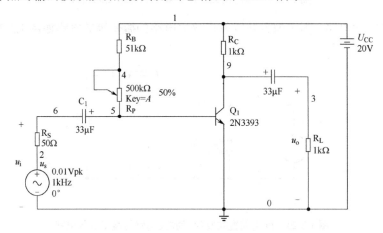

图 1.2.24　静态工作点对输出波形影响的仿真测试电路

①不接交流信号 u_i，接入 $U_{CC}=20V$，调节 R_P，使 $U_{CE}=10V$。

②接入 0.01V，1kHz 的交流输入信号 u_i。用示波器观察输出波形是否光滑。

③增大 u_i 到 0.06V，用示波器观察输入输出波形发生了什么变化。

④调节 R_P 到 100%，观察此时输出波形发生了什么变化。

⑤调节 R_P 到 0%，观察此时输出波形发生了什么变化。

⑥根据测试结果总结：静态工作点 Q 选取的位置将对输出波形产生什么影响？

2. 固定偏置共发射极放大电路的仿真测试

固定偏置共发射极放大电路的仿真测试电路如图 1.2.25 所示。

（1）放大倍数仿真测试。

① 不接输入信号，调节 R_P，使 $U_{CE}=10V$。

② 在步骤①基础上，输入端接入幅值为 10mV、频率为 1kHz 的交流信号。

③ 用低频毫伏表分别测量输入电压 U_i 和输出电压 U_o 的大小，记录输入输出电压值并计算电压放大倍数。

（2）输入电阻的仿真测试。

① 不接输入信号，调节 R_B（R_P），使 $U_{CE}=10V$。

② 保持步骤①，取信号源 $U_s=20mV$，调节 R_{P1}，使 $U_i=0.5U_s$。

③求出 R_i，由公式 $U_i=U_s \times R_i/(R_s+R_i)$ 可知，当 $U_i=0.5U_s$ 时，$R_i=R_s+R_{P1}$。

（3）输出电阻的仿真测试。

① 不接输入信号，调节 R_P，使 $U_{CE}=10V$。

② 接入幅值为 10mV 的输入信号，不接负载电阻 R_L，测量放大电路的开路输出电压 U_o。

③接入并调节 R_L，使 $U_o'=0.5U_o$，求出此时的输出电阻 R_o。

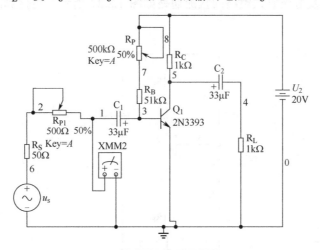

图 1.2.25 固定偏置共发射极放大电路的仿真测试电路

3. 固定偏置共发射极放大电路的仿真测试

（1）用示波器观察如图 1.2.25 所示电路的输入输出波形，测出 U_{CE} 的值。

（2）将图 1.2.25 中的三极管改成 2N6545，即相当于改变三极管的放大倍数，用示波器观察输入输出波形，测出 U_{CE} 的值。

（3）根据上述测量结果判断固定偏置共发射极放大电路是否具有稳定的静态工作点。

任务 1.2.4　三极管分压式共发射极放大电路的分析与调试

1．分压式偏置共发射极放大电路的静态分析

固定偏置放大电路存在不足：由于温度升高时三极管的放大倍数 β 随之增大，而 $I_B = \dfrac{U_{CC}}{R_B}$ 基本不变，因此 $I_C = \beta I_B$ 增大，$U_{CE} = U_{CC} - I_C R_C$ 减小。由此可见，固定偏置放大电路的输出信号可能随温度升高而产生饱和失真，随温度降低而产生截止失真。

如图 1.2.26 所示的电路可以消除固定偏置放大电路随着温度变化可能出现的失真现象。

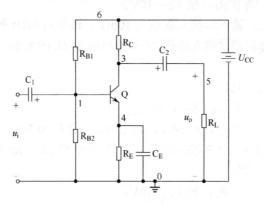

图 1.2.26　分压式偏置放大电路

分压式偏置共发射极放大电路的直流通路如图 1.2.27 所示，用估算法确定 Q 点，具体如下。

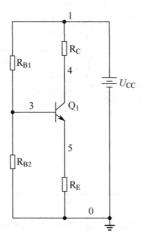

图 1.2.27　分压式偏置共发射极放大电路的直流通路

$$U_B \approx \frac{R_{B2}}{R_{B1} + R_{B2}} U_{CC}$$

$$I_{CQ} \approx I_{EQ} = \frac{U_B - U_{BEQ}}{R_E}$$

$$I_{BQ} = \frac{I_{CQ}}{\beta}$$

$$U_{CEQ} \approx U_{CC} - I_{CQ}(R_C + R_E)$$

2．分压式偏置共发射极放大电路的动态分析

分压式偏置共发射极放大电路的交流通路及其微变等效电路如图 1.2.28 所示，其动态指标分析如下。

电压放大倍数：$A_u = \dfrac{u_o}{u_i} = -\dfrac{\beta(R_C // R_L)}{r_{BE}}$。

输入电阻：$R_i = R_{B1} // R_{B2} // r_{BE}$。

输出电阻：$R_o = R_C$。

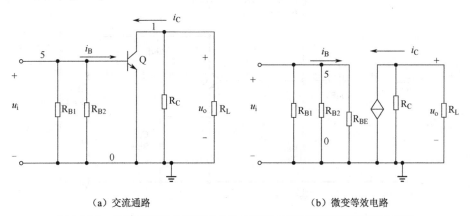

（a）交流通路　　　　　　　　　　（b）微变等效电路

图 1.2.28　分压式偏置共发射极放大电路的交流通路及其微变等效电路

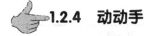**1.2.4　动动手**

1．分压式偏置共发射极放大电路稳定静态工作点特性仿真测试

（1）用示波器观察如图 1.2.29 所示电路的输入输出波形并测出 u_{CE} 的值。

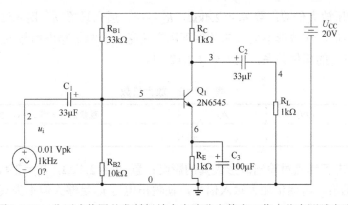

图 1.2.29　分压式偏置共发射极放大电路稳定静态工作点仿真测试电路

（2）将图 1.2.29 中的三极管改成 2N3393，用示波器观察输入输出波形并测出 u_{CE} 的值。

（3）结论：改变放大倍数，u_{CE}＿＿＿＿＿＿（发生明显变化或基本不变），输出波形＿＿＿＿＿＿（失真或不失真），由此可见，分压式偏置共发射极放大电路＿＿＿＿＿＿＿（具有或不具有）稳定静态工作点的作用。

2．分压式偏置共发射极放大电路的调试

（1）按图 1.2.30 连接电路。

（2）调试静态工作点：先将 R_{B2} 调至阻值最大，在放大电路输入端加入 20mV、1kHz 的输入信号 u_i，调节 R_{B2}，用示波器观察放大电路输出电压 u_o 的波形，在波形不失真的条件下，移除输入信号并测量 U_B、U_E、U_C、R_{B2} 的值，将测量结果记入表 1.2.11 中。

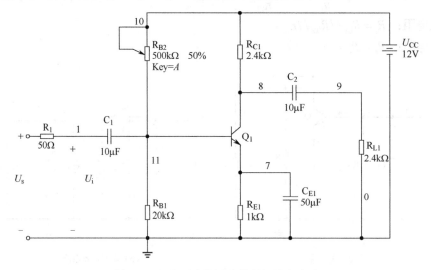

图 1.2.30　分压式偏置共发射极放大电路

表 1.2.11　分压式偏置共发射极放大电路静态工作点测试

测　量　值				计　算　值		
U_B/V	U_E/V	U_C/V	R_{B2}/kΩ	U_{BE}/V	U_{CE}/V	I_C/mA

（3）测量电压放大倍数：置 R_C＝2.4kΩ，R_L＝∞，适当设置 u_i，用示波器观察放大电路输出电压 u_o 的波形，在波形不失真的条件下用交流毫伏表测量输出信号 u_o 的值，并用双踪示波器观察 u_o 和 u_i 的相位关系，记入表 1.2.12 中。

表 1.2.12　放大倍数

u_i/V	u_o/V	A_u	观察记录一组 u_o 和 u_i 波形

（4）观察静态工作点对输出波形失真的影响：置 R_C＝2.4kΩ，R_L＝2.4kΩ，u_i＝0，调节 R_{B2}，测出 U_{CE} 的值，再逐步加大输入信号，使输出电压 u_o 足够大但不失真。保持输入信号不变，分别增大和减小 R_{B2}，使波形出现失真，绘出 u_o 的波形，并测出失真情况下的 I_C 和

U_{CE} 的值，记入表 1.2.13 中。每次测试 I_C 和 U_{CE} 值时都要将输入信号置零。

表 1.2.13 静态工作点对波形失真的影响

I_C/mA	U_{CE}/V	u_o 波形	失真情况

（5）测量输入电阻和输出电阻：置 $R_C=2.4\text{k}\Omega$，$R_L=2.4\text{k}\Omega$。输入适当的正弦信号，在输出电压 u_o 不失真的情况下，用交流毫伏表测出 u_s、u_i 和 u_L 的值并记入表 1.2.14 中。保持 u_s 不变，断开 R_L，测量输出电压 u_o，记入表 1.2.14 中。

表 1.2.14 输入输出电阻

u_s/mV	u_i/mV	R_i/kΩ		u_L/V	u_o/V	R_o/kΩ	
		测量值	计算值			测量值	计算值

任务 1.2.5 三极管共集电极放大电路的分析与调试

1. 共集电极放大电路的静态分析

共集电极放大电路（也称发射极跟随器）如图 1.2.31 所示，估算其静态工作点 Q（I_B、I_C、U_{CE}），具体如下。

$$U_{CC} = I_B R_B + U_{BE} + I_E R_E = I_B R_B + U_{BE} + (1+\beta)I_B R_E$$

$$I_B = \frac{U_{CC} - U_{BE}}{R_B + (1+\beta)R_E} \approx \frac{U_{CC}}{R_B + (1+\beta)R_E}$$

$$I_C = \beta I_B$$

$$U_{CC} = U_{CE} + I_E R_E \approx U_{CE} + I_C R_E$$

$$U_{CE} \approx U_{CC} - I_C R_E$$

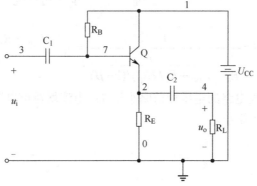

图 1.2.31 共集电极放大电路

2. 共集电极放大电路的动态分析

共集电极放大电路的微变等效电路如图 1.2.32 所示，其放大倍数、输入电阻、输出电阻分析如下。

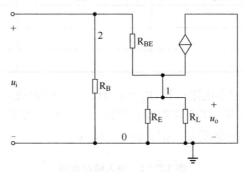

图 1.2.32 共集电极放大电路的微变等效电路

因为

$$\dot{U}_i = \dot{I}_B[r_{BE} + (1+\beta)(R_E // R_L)] \ , \quad \dot{U}_o = \dot{I}_B(1+\beta)(R_E // R_L)$$

所以电压放大倍数为

$$A_u = \frac{\dot{U}_o}{\dot{U}_i} = \frac{1+\beta(R_E // R_L)}{r_{BE} + (1+\beta)(R_E // R_L)} \approx \frac{\beta(R_E // R_L)}{r_{BE} + (1+\beta)(R_E // R_L)} < 1$$

因为

$$u_i = i_B r_{BE} + i_E(R_E // R_L) = i_B[r_{BE} + (1+\beta)(R_E // R_L)]$$

$$R_i' = \frac{u_i}{i_B} = r_{BE} + (1+\beta)(R_E // R_L)$$

所以输入电阻为

$$R_i = R_i' // R_B = [r_{BE} + (1+\beta)(R_E // R_L)] // R_B \approx R_B // \beta(R_E // R_L)$$

因为

$$i = i_{RE} - i_B - \beta i_B = \frac{u}{R_E} + (1+\beta)\frac{u}{r_{BE} + R_s // R_B}$$

所以输出电阻为

$$R_o = \frac{u}{i} = \frac{1}{\dfrac{1}{R_E} + \dfrac{1}{(r_{BE} + R_s // R_B)/(1+\beta)}} = R_E // \frac{(r_{BE} + R_s // R_B)}{1+\beta}$$

结论：共集电极放大电路的电压增益略小于 1；电流增益可以远大于 1；输出与输入同相；输入电阻大；输出电阻小。

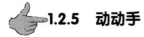 ## 1.2.5 动动手

1. 共集电极放大电路基本特性的仿真测试

共集电极放大电路的仿真测试电路如图 1.2.33 所示，其中 R_B 由 51kΩ 电阻与 500kΩ 电

位器（R_P）串联构成，$R_E=2k\Omega$，$R_L=2k\Omega$，VT 为 2N3393。

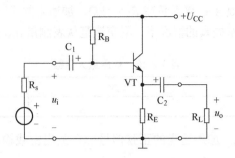

图 1.2.33 共集电极放大电路的仿真测试电路

（1）不接输入信号，接入 $U_{CC}=20V$，调节 R_B，使 $U_{CE}=10V$。

（2）输入端接入输入信号和 R_L，用示波器观察此时输入输出电压的波形，并记录 u_i、u_o 的波形有无明显失真。

（3）测量并记录：输入信号幅度 $U_{im}=\underline{\quad}V$，输出信号幅度 $U_{om}=\underline{\quad}V$，则 $A_u=\underline{\quad}$（从 ">1""=1""<1" 中选填一项）；输出信号与输入信号的相位关系____（从 "同相""反相" 中选填一项）。

（4）不接 R_L，即增大等效负载电阻值，观察输出电压幅度有无明显增大并记录其值。

（5）接入 u_i 和 R_L 并在输入回路中串联 1kΩ 的电阻，观察输出电压幅度有无明显减小并记录其值。

2. 共集电极放大电路的调试

（1）按图 1.2.34 连接实验电路。

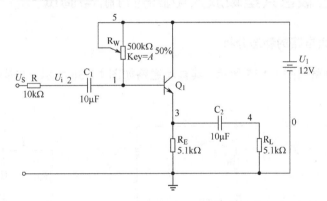

图 1.2.34 共集电极放大电路实验电路

（2）静态工作点的调整：接通＋12V 直流电源，加入 1kHz 正弦信号 u_i，反复调整 R_W 与输入信号的幅度，得到一个最大不失真的输出波形后置 $u_i=0$，用直流电压表测量三极管各电极对地电位，将测得数据记入表 1.2.15 中。

表 1.2.15 静态工作点

U_E/V	U_B/V	U_C/V	I_E/mA

在下面整个测试过程中应保持 R_W 值不变（保持 I_E 不变）。

（3）测量电压放大倍数 A_u：接入负载 $R_L=1k\Omega$，加适当的正弦信号 u_i 并调节输入信号幅度，在输出波形 u_o 最大且不失真的情况下，用交流毫伏表测量 u_i、u_L 的值并记入表 1.2.16 中。

表 1.2.16　电压放大倍数

u_i/V	u_L/V	A_u

（4）测量输出电阻 R_o：加入适当的正弦信号 u_i，测出空载输出电压 u_o 和带负载的输出电压 u_L，记入表 1.2.17 中。代入公式 $R_o=(\frac{U_o}{U_L}-1)R_L$ 计算 R_o。

表 1.2.17　输出电阻

u_o/V	u_L/V	$R_o/k\Omega$

（5）测量输入电阻 R_i：加适当的正弦信号 u_s，用交流毫伏表分别测出 u_s 和 u_i，记入表 1.2.18 中。代入公式 $R_i=\frac{U_i}{I_i}=\frac{U_i}{U_s-U_i}R_L$ 计算 R_i。

表 1.2.18　输入电阻

u_s/V	u_i/V	$R_i/k\Omega$

任务 1.2.6　三极管共基极放大电路的分析与调试

1. 共基极放大电路的静态分析

共基极放大电路如图 1.2.35 所示，其直流通路如图 1.2.36 所示。共基极放大电路的静态工作点分析如下。

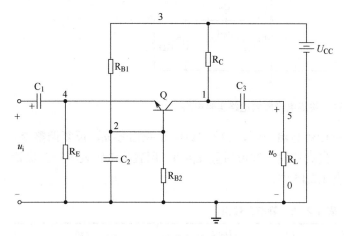

图 1.2.35　共基极放大电路

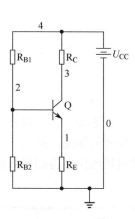

图 1.2.36　共基极放大电路的直流通路

$$I_C \approx I_E = \frac{U_B - U_{BE}}{R_E} \approx \frac{U_B}{R_E} = \frac{\frac{U_{CC}}{R_{B1} + R_{B2}} R_{B2}}{R_E}$$

$$I_B = \frac{I_C}{\beta}$$

$$U_{CE} = U_{CC} - I_C R_C - I_E R_E \approx U_{CC} - I_C(R_C + R_E)$$

2. 共基极放大电路的动态分析

共基极放大电路的微变等效电路如图 1.2.37 所示，其动态指标如下。

$$A_u = \frac{U_o}{U_i} = \frac{-i_C(R_C // R_L)}{-i_B r_{BE}} = \frac{\beta(R_C // R_L)}{r_{BE}}$$

$$R_i = \frac{r_{BE}}{(1+\beta)} // R_E$$

$$R_o = R_C$$

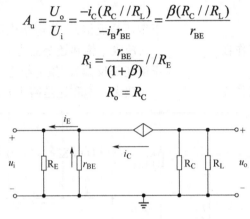

图 1.2.37 共基极放大电路的微变等效电路

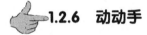 **1.2.6 动动手**

仿真测试共基极放大电路基本特性。共基极放大电路仿真测试电路如图 1.2.38 所示，其中 R_{B1} 为 3.3kΩ，R_{B2} 为 10kΩ，R_E 为 1kΩ，R_C 为 1kΩ，R_L 为 1kΩ，VT 为 2N3393。测试步骤如下。

① 不接 u_i，接入 U_{CC}=+20V，测量并记录 U_{CE}。

② 保持步骤①，接入 u_i（f=1kHz，U_s=50mV），测量输出信号的幅度 U_o，并求出 A_u。

③ 保持步骤②，用示波器同时观察输入输出信号的波形，并记录输出信号（电压）与输入信号的相位关系（同相或反相）。

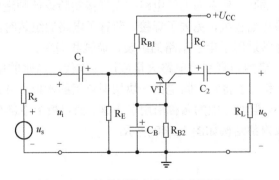

图 1.2.38 共基极放大电路仿真测试电路

任务 1.2.7　LED 声控灯的设计与调试

LED 声控灯电路如图 1.2.39 所示，测试三极管工作状态，分析并调试 LED 声控灯的功能。

1）分析 LED 声控灯整机工作原理

声音信号经 C_1 耦合到 Q_1 放大，放大后的信号送到 Q_2 基极，由 Q_2 驱动 5 个 LED 发光，声音越大 LED 越亮。

2）仿真测量 LED 声控灯三极管的工作状态

当 u_i=0 时，用万用表分别测量 Q_1、Q_2 发射结与集电结的电压，根据测量结果分析 Q_1、Q_2 的工作状态。

①Q_1 发射结电压＿＿＿＿＿＿＿＿（正偏还是反偏），集电结电压＿＿＿＿＿＿＿＿＿（正偏还是反偏），因此 Q_1 工作在＿＿＿＿＿＿＿（放大、饱和还是截止）状态。

②Q_2 发射结电压＿＿＿＿＿＿＿＿（正偏还是反偏），集电结电压＿＿＿＿＿＿＿＿＿（正偏还是反偏），因此 Q_2 工作在＿＿＿＿＿＿＿（放大、饱和还是截止）状态。

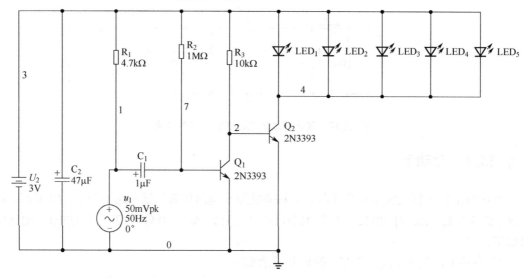

图 1.2.39　LED 声控灯电路

3）认识面包板

面包板上有很多小插孔，是专为电子电路的无焊接实验设计制造的。各种电子元器件可根据需要随意插入或拔出面包板，免去了焊接，节省了电路的组装时间，而且元器件可以重复使用，因此面包板非常适用于电子电路的组装、调试和训练。

面包板的得名可以追溯到真空管电路大量应用的年代，当时的电路元器件大都体积较大，人们通常通过螺丝和钉子将它们固定在一块切面包用的木板上并进行连接，虽然后来电路元器件体积越来越小，但面包板的名称沿用了下来。面包板上下部分内部连线和中间部分内部连线不同。面包板内部结构如图 1.2.40 所示。

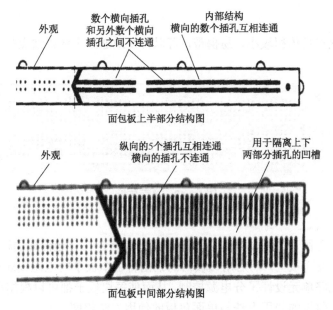

数个横向插孔
和另外数个横向
插孔之间不连通
外观
内部结构
横向的数个插孔互相连通

面包板上半部分结构图

纵向的5个插孔互相连通
横向的插孔不连通
外观
用于隔离上下
两部分插孔的凹槽

面包板中间部分结构图

图 1.2.40　面包板内部结构

（1）无焊面包板。

无焊面包板（见图 1.2.41）是没有作为底座的母板，也没有焊接电源插口引出，但是能够扩展单面包板的板子。使用时应该先通电，将电源两极分别接到面包板的两侧插孔，然后就可以插上元器件进行实验（插元器件的过程中要断开电源）。在遇到多于 5 个元器件或一组插孔插不下等情况时，就需要用面包板连接线（也称面包线）把多组插孔连接起来。

无焊面包板的优点是体积小，易携带；缺点是比较简陋，电源连接不方便，而且面积小，不宜进行大规模电路实验。若要用无焊面包板进行大规模的电路实验，则要用螺钉将多个无焊面包板固定在大木板上，再用导线将它们连接起来。

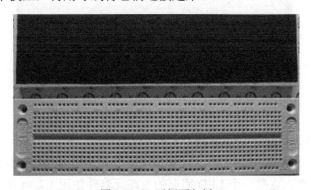

图 1.2.41　无焊面包板

（2）单面包板。

单面包板（见图 1.2.42）是有母板作为底座，并且有专用接线柱用于电源接入（甚至有些能够进行高压实验的还有地线接线柱）的板子。这种板子使用起来比较方便，在使用时，先把电源直接接入接线柱，然后插入元器件进行实验（插元器件的过程中要断开电源）。当遇到多于 5 个元器件或一组插孔插不下等情况时，就需要用面包板连接线把多组插孔连接起来。

单面包板的优点是体积较小，易携带，可以方便地通断电源；缺点是面积小，不宜进行大规模电路实验。

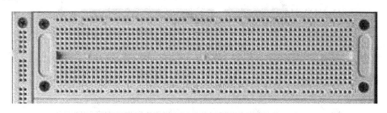

图 1.2.42　单面包板

（3）组合面包板。

组合面包板（见图 1.2.43）是把许多无焊面包板组合在一起构成的板子。一般将 2～4 个无焊面包板固定在母板上，然后用母板内的铜箔将各个板子的电源线连在一起。组合面包板还专门为不同电路单元设计了分电源控制，从而使每块板子都可以根据用户需要而携带不同的电压。组合面包板的使用方法与单面包板的使用方法相同。

组合面包板的优点是可以方便地通断电源，面积大，能进行大规模试验，活动性高；缺点是体积大，比较重，不易携带，适用范围小。

图 1.2.43　组合面包板

例 1：在面包板上搭建一个简易的点亮 LED 电路。

准备实验器材：面包板一块，连接线若干（连接线要使用两头都是针形的线），LED 一个，3V 纽扣电池一个。点亮一个 LED 需要的电路元器件如图 1.2.44 所示。

图 1.2.44　点亮一个 LED 需要的电路元器件

把纽扣电池装到电池座里面（这种电池座很容易买到），并插接到面包板上，之后把纽扣电池及电池座插到面包板的左右两个相应位置（左右两个部分用凹槽隔开，避免电源正负极短路）。纽扣电池的接法如图 1.2.45 所示。

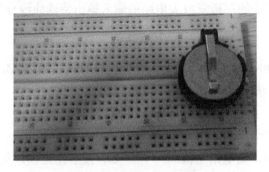

图 1.2.45　纽扣电池的接法

先分别从纽扣电池的正负两极引出两条线，然后把 LED 插接到面包板上任意不导通的两个栅格内（LED 长脚为正，短脚为负），最后把从纽扣电池正负两极引出的线接到 LED 两端即可。点亮一个 LED 的电路如图 1.2.46 所示。

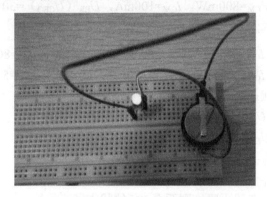

图 1.2.46　点亮一个 LED 的电路

 1.2.7　动动手

在面包板上搭建如图 1.2.1 所示电路，用万用表测试 LED 声控灯中三极管的工作状态，并调试 LED 声控灯的功能。

课后自测

一、思考题

1．如何用小信号微变等效模型对放大电路进行动态分析？试举例说明。

2．如何理解放大电路的电压放大倍数、输入电阻、输出电阻？

3．静态工作点选取不当会对放大电路的输出波形产生什么影响？当放大电路输出波形出现非线性失真时，如何消除？

4. 如何用估算法和图解法求放大电路的静态工作点？试举例说明。

5. 如何用万用表测试三极管的电极和材料？

6. 采用共发射极接法的三极管放大电路的输入输出特性曲线分别是怎样的？如何理解？

二、选择器

1. 用万用表测得 PNP 型三极管三个电极的电位分别是 $U_C=6V$，$U_B=0.7V$，$U_E=1V$，该三极管工作在（   ）状态。

    A. 放大　　　　　B. 截止　　　　　C. 饱和　　　　　D. 损坏

2. 若要三极管工作在放大区，则要求（   ）。

    A. 发射结正偏，集电结正偏　　　　　B. 发射结正偏，集电结反偏

    C. 发射结反偏，集电结正偏　　　　　D. 发射结反偏，集电结反偏

3. 某 NPN 型三极管三个电极的电位分别为 $U_C=3.3V$，$U_E=3V$，$U_B=3.7V$，则该三极管工作在（   ）。

    A. 饱和区　　　　　B. 截止区　　　　　C. 放大区　　　　　D. 击穿区

4. 三极管参数为 $P_{CM}=800mW$，$I_{CM}=100mA$，U_{BR}（U_{CEO}）=30V，在下列几种情况中，（   ）属于正常工作状态。

    A. $U_{CE}=15V$，$I_C=150\ mA$　　　　　B. $U_{CE}=20V$，$I_C=80\ mA$

    C. $U_{CE}=35V$，$I_C=100\ mA$　　　　　D. $U_{CE}=10V$，$I_C=50mA$

5. 下列处于放大状态的三极管是（   ）。

    A. $U_C=0.3V$，$U_E=0V$，$U_B=0.7V$

    B. $U_C=-4V$，$U_E=-7.4V$，$U_B=-6.7V$

    C. $U_C=6V$，$U_E=0V$，$U_B=-3V$

    D. $U_C=2V$，$U_E=2V$，$U_B=2.7V$

6. 如果三极管工作在截止区，则两个 PN 结状态（   ）。

    A. 均为正偏　　　　　B. 均为反偏

    C. 发射结正偏，集电结反偏　　　　　D. 发射结反偏，集电结正偏

7. 工作在放大区的某三极管，如果当 I_B 从 12μA 增大到 22μA 时，I_C 从 1mA 变为 2mA，那么它的 β 约为（   ）。

    A. 83　　　　　B. 91　　　　　C. 100

8. 工作于放大状态的 PNP 型三极管，各电极必须满足（   ）。

    A. $U_C>U_B>U_E$　　　　　B. $U_C<U_B<U_E$

    C. $U_B>U_C>U_E$　　　　　D. $U_C>U_E>U_B$

三、填空题

1. 三极管工作在饱和区时发射结_____偏，集电结_____偏。

2. 三极管按结构分为_____和_____两种类型，它们均具有两个 PN 结，即_____和_____。

3. 三极管是_____控制元器件，场效应管是_____控制元器件。

4．三极管放大电路的性能指标分析主要采用＿＿＿＿＿＿等效电路分析法。

5．在放大电路中，测得三极管三个电极电位分别为 U_1=6.5V，U_2=7.2V，U_3=15V，则该三极管是＿＿＿＿＿＿型三极管，其中＿＿＿＿＿＿极为集电极。

6．当三极管的发射结和集电结都正向偏置或反向偏置时，三极管的工作状态分别是＿＿＿＿＿＿和＿＿＿＿＿＿。

7．在采用微变等效电路法对放大电路进行动态分析时，输入信号必须是＿＿＿＿＿＿的。

8．三极管有放大作用的外部条件是发射结＿＿＿＿＿＿，集电结＿＿＿＿＿＿。

9．在正常工作范围内，场效应管＿＿＿＿＿＿极无电流。

10．三极管按结构分为＿＿＿＿＿＿和＿＿＿＿＿＿两种类型，它们均具有两个 PN 结，即＿＿＿＿＿＿和＿＿＿＿＿＿。

11．三极管是一种＿＿＿＿＿＿控制＿＿＿＿＿＿元器件，而场效应管是一种＿＿＿＿＿＿控制＿＿＿＿＿＿元器件。

12．若某三极管在发射结加上反向偏置电压，在集电结上也加上反向偏置电压，则这个三极管处于＿＿＿＿＿＿状态。

13．当场效应管用于放大时，应工作在＿＿＿＿＿＿区。

14．当三极管用于放大时，应使发射极＿＿＿＿＿＿偏置，集电极＿＿＿＿＿＿偏置。

四、判断题：在括号内用"√"或"×"表明下列说法是否正确

1．任何放大电路都有功率放大作用。　　　　　　　　　　　　　　（　　）

2．放大电路中输出的电流和电压都是由有源元器件提供的。　　　　（　　）

3．电路中各电量的交流成分是交流信号源提供的。　　　　　　　　（　　）

4．放大电路必须加上合适的直流电源才能正常工作。　　　　　　　（　　）

5．由于放大的对象是变化量，因此当输入信号为直流信号时，任何放大电路的输出都毫无变化。　　　　　　　　　　　　　　　　　　　　　　　　　　（　　）

6．只要是共发射极放大电路，输出电压的底部失真都是饱和失真。　（　　）

五、综合题

1．画出如图 1.2.47 所示各电路的直流通路和交流通路。设所有电容对交流信号均可视为短路。

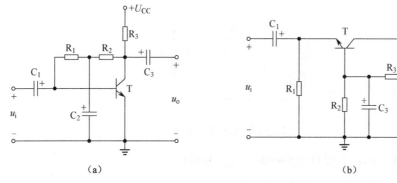

（a）　　　　　　　　　　　　　　　　　（b）

图 1.2.47　综合题 1 图

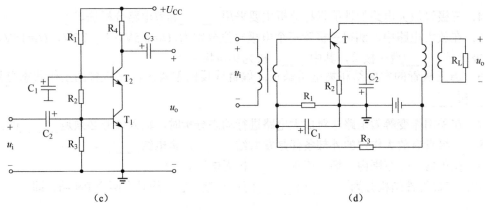

（c）　　　　　　　　　　　　　　　　　（d）

图 1.2.47　综合题 1 图（续）

2．三极管电路如图 1.2.48（a）所示，图 1.2.48（b）是该三极管的输出特性曲线，静态时 $U_{BEQ}=0.7V$。用图解法分别求出 $R_L=\infty$ 和 $R_L=3k\Omega$ 时的静态工作点和最大不失真输出电压 U_{om}（有效值）。

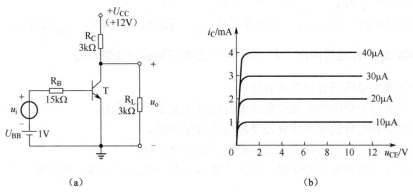

（a）　　　　　　　　　　　　　　　　　（b）

图 1.2.48　综合题 2 图

3．如图 1.2.49 所示，三极管的 $\beta=80$，$r_{bb'}=100\Omega$。分别计算当 $R_L=\infty$ 和 $R_L=3k\Omega$ 时的 Q 点、A_u、R_i 和 R_o。

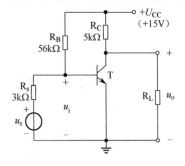

图 1.2.49　综合题 3 图

4．如图 1.2.50 所示，三极管的 $\beta=100$，$r_{bb'}=100\Omega$。

（1）求电路的 Q 点、A_u、R_i 和 R_o。

（2）若电容 C_E 开路，则将引起电路的哪些动态参数发生变化？如何变化？

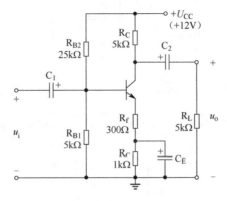

图 1.2.50   综合题 4 图

项目 1.3   简易助听器的分析与调试

学习目标

能力目标：能分析并调试差动放大电路、多级放大电路、功率放大电路、负反馈放大电路及简易助听器电路。

知识目标：理解三极管差动放大电路、功率放大电路、多级放大电路及负反馈放大电路的工作原理。

项目背景

助听器是利用放大电路放大声音信号的一种小型扩音器，放大电路可以把声音信号放大，从而使听障者可以利用残余的听力听到声音，改善生活质量。一种常见的盒式助听器如图 1.3.1 所示。为了方便读者学习模拟电路中的多级负反馈放大电路，我们模仿如图 1.3.1 所示助听器的功能，设计了类似功能的仿真简易助听器，其电路原理图如图 1.3.2 所示。

图 1.3.1   一种常见的盒式助听器

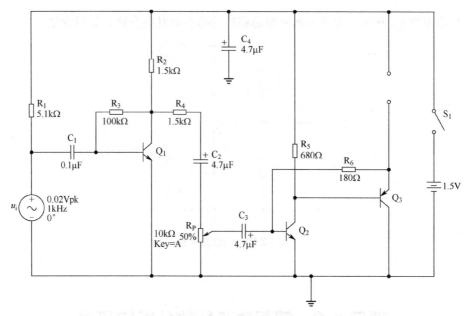

图 1.3.2　仿真简易助听器电路原理图

任务 1.3.1　多级放大电路的分析与调试

为了获得更高的电压放大倍数，可以把多个基本放大电路连接起来，组成多级放大电路。其中每一个基本放大电路都称为一级，而级与级之间的连接方式则称为耦合方式。

1. 级间耦合

1）阻容耦合

通过电容将后级电路与前级电路进行连接的耦合方式称为阻容耦合。

阻容耦合的优点如下。

①各级的直流工作点相互独立。由于电容可以隔直流而通交流，因此它们的直流通路是相互隔离、独立的。这样，设计、调试和分析就会很方便。

②在传输过程中，交流信号损失小。只要耦合电容选得足够大，较低频率的信号就能由前级几乎不衰减地加到后级，实现逐级放大。

③电路的温漂小。

④体积小，成本低。

阻容耦合的缺点主要是无法集成，低频特性差等。

阻容耦合主要用于交流信号的放大。阻容耦合多级放大电路如图 1.3.3 所示。

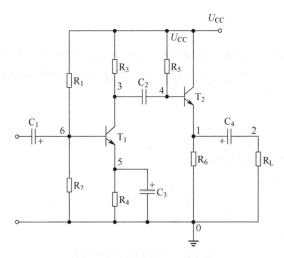

图 1.3.3　阻容耦合多级放大电路

2）变压器耦合

通过变压器将后级电路与前级电路进行连接的耦合方式称为变压器耦合。

变压器耦合的优点如下。

①变压器耦合多级放大电路前后级的静态工作点是相互独立、互不影响的。这是因为变压器不能传送直流信号。

②变压器耦合多级放大电路基本上没有温漂现象。

③变压器在传送交流信号的同时，可以实现电流、电压及阻抗的变换。

变压器耦合的缺点如下。

①高频性能和低频性能都很差。

②体积大，成本高，无法集成。

变压器耦合主要用于功率放大及调谐放大。

3）直接耦合

用导线直接将前后级电路相连的耦合方式称为直接耦合。

直接耦合的优点如下。

①直流耦合多级放大电路可以放大缓慢变化的信号和直流信号。由于级间是直接耦合的，因此电路可以放大缓慢变化的信号和直流信号。

②便于集成。由于直流耦合多级放大电路中只有三极管和电阻，没有电容和电感，因此便于集成。

直接耦合的缺点如下。

①各级的静态工作点不独立，相互影响。这会给设计、计算和调试带来不便。

②引入了零点漂移问题。零点漂移对直接耦合多级放大电路的影响比较严重。输入级的零点漂移会逐级放大，在输出端产生严重的影响。当温度变化较大，放大电路级数较多时，产生的影响尤为严重。

直接耦合一般用于放大直流信号或缓慢变化的信号。

2．静态分析

变压器耦合多级放大电路和阻容耦合多级放大电路的静态分析类似单级放大电路的静态分析。直接耦合多级放大电路的静态分析可以根据电路的约束条件和管子 I_B、I_C 和 I_E 的相互关系，列出方程组求解。

3．动态分析

多级放大电路框图如图 1.3.4 所示。

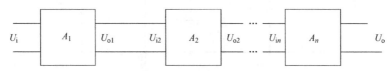

图 1.3.4　多级放大电路框图

多级放大电路总电压放大倍数等于各级电压放大倍数的乘积，即

$$\dot{A}_{u} = \frac{\dot{U}_{o}}{\dot{U}_{i}} = \frac{\dot{U}_{o1}}{\dot{U}_{i}} \cdot \frac{\dot{U}_{o2}}{\dot{U}_{i2}} \cdot \cdots \cdot \frac{\dot{U}_{on}}{\dot{U}_{in}} = \dot{A}_{u1} \cdot \dot{A}_{u2} \cdot \cdots \cdot \dot{A}_{un}$$

式中，n 为多级放大电路的级数。

①输入输出电阻。

多级放大电路的输入电阻就是输入级的输入电阻，即

$$R_i = R_{i1}$$

②输出电阻。

多级放大电路的输出电阻就是输出级的输出电阻，即

$$R_o = R_{on}$$

在具体计算时，要考虑到后级输入电阻作为前级电路的负载；前级输出电阻视为后级电路的信号源内阻。

例 1：如图 1.3.5 所示，已知 $\beta_1=\beta_2=50$，T_1 和 T_2 均为 3DG8D。计算前后级放大电路的静态值（$U_{BE}=0.6V$）及电路的动态参数。

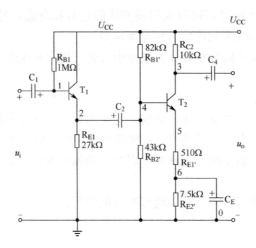

图 1.3.5　两级电压放大电路

静态分析：两级电压放大电路的静态值可分开计算。

第一级是发射极跟随器，即

$$I_{B1} = \frac{U_{CC} - U_{BE}}{R_{B1} + (1+\beta)R_{E1}} = \frac{24 - 0.6}{1000 + (1+50)\times 27}\,(\text{mA}) \approx 9.8\,(\mu\text{A})$$

$$I_{E1} = (1+\beta)I_{B1} = (1+50)\times 0.0098\,(\text{mA}) \approx 0.49\,(\text{mA})$$

$$U_{CE} = U_{CC} - I_{E1}R_{E1} = 24 - 0.49\times 27\,(\text{V}) = 10.77\,(\text{V})$$

第二级是分压式偏置共发射极放大电路，即

$$U_{B2} = \frac{U_{CC}}{R'_{D1} + R'_{D2}}R'_{B2} = \frac{24}{82+43}\times 43\,(\text{V}) \approx 8.26\,(\text{V})$$

$$I_{C2} = \frac{U_{B2} - U_{BE2}}{R''_{E2} + R'_{E2}} = \frac{8.26 - 0.6}{0.51 + 7.5}\,(\text{mA}) \approx 0.96\,(\text{mA})$$

$$I_{B2} = \frac{I_{C2}}{\beta_2} = \frac{0.96}{50}\,(\text{mA}) = 19.2\,(\mu\text{A})$$

$$U_{CE2} = U_{CC} - I_{C2}(R_{C2} + R''_{E2} + R'_{E2}) = 24 - 0.96(10 + 0.51 + 7.5)\,(\text{V}) \approx -6.71\,(\text{V})$$

动态分析：先画出两级电压放大电路的微变等效电路，如图 1.3.6 所示。

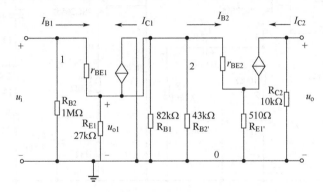

图 1.3.6　两级电压放大电路的微变等效电路

输入输出电阻：由两级电压放大电路的微变等效电路可知，该放大电路的输入电阻 r_i 等于第一级的输入电阻 r_{i1}。第一级是发射极输出器，它的输入电阻 r_{i1} 与负载有关，而发射极输出器的负载即第二级输入电阻 r_{i2}，即

$$r_{BE2} = 200 + (1+\beta)\frac{26}{I_E} = 200 + 51\frac{26}{0.96}\,(\Omega) \approx 1.58\,(\text{k}\Omega)$$

$$r_{i2} = R'_{B1} // R'_{B2} // \left[r_{BE2} + (1+\beta)R''_{E2}\right] = 14\,(\text{k}\Omega)$$

$$R'_{L1} = R_{E1} // r_{i2} = \frac{27\times 14}{27+14}\,(\text{k}\Omega) \approx 9.22\,(\text{k}\Omega)$$

$$r_{BE1} = 200 + (1+\beta_1)\frac{26}{I_{E1}} = 200 + (1+50)\times\frac{26}{0.49} \approx 3\,(\text{k}\Omega)$$

$$r_i = r_{i1} = R_{B1} // \left[r_{BE1} + (1+\beta)R'_{L1}\right] = 320\,(\text{k}\Omega)$$

$$r_o = r_{o2} = R_{C2} = 10\,(\text{k}\Omega)$$

各级放大倍数及总电压放大倍数为

$$A_{u1} = \frac{(1+\beta_1)R'_{L1}}{r_{BE1}+(1+\beta_1)R'_{L1}} = \frac{(1+50)\times 9.22}{3+(1+50)\times 9.22} \approx 0.994$$

$$A_{u2} = -\beta\frac{R_{C2}}{r_{BE2}+(1+\beta_2)R''_{E2}} = -50\times\frac{10}{1.79+(1+50)\times 0.51} \approx -18$$

$$A_u = A_{u1}\times A_{u2} = 0.994\times(-18) \approx -17.9$$

1.3.1　动动手

调试如图 1.3.7 所示的两级放大电路。

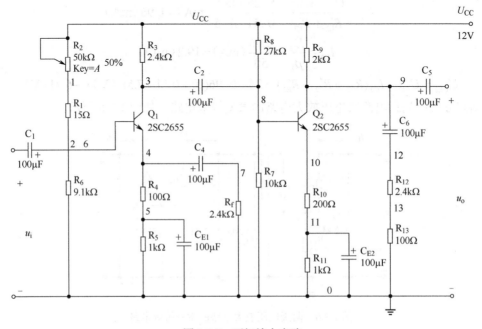

图 1.3.7　两级放大电路

1）测量静态工作点

令 U_{CC}=12V，调节 R_2，使放大电路第一级工作点 U_{E1}=1.6V，用数字万用表测量各引脚电位并记录在表 1.3.1 中。

表 1.3.1　两级放大电路静态工作点的测量

U_{B1}	U_{C1}	U_{E1}	U_{B2}	U_{C2}	U_{E2}

2）测量输入输出电压及电压放大倍数

接入信号源 u_i=10mV，用示波器分别观察第一级、第二级放大电路的输入输出波形，在波形不失真的情况下，用万用表测量各引脚电位并记录在表 1.3.2 中。

表 1.3.2 两级放大电路的输入输出电压及电压放大倍数

输入输出电压/V						电压放大倍数		
第一级		第二级		整个电路		第一级	第二级	整个电路
u_{i1}	u_{o1}	u_{i2}	u_{o2}	u_i	u_o	A_{u1}	A_{u2}	A_u

任务 1.3.2 差动放大电路的分析与调试

1. 基本差动放大电路

（1）电路特点。

基本差动放大电路是由两个完全相同的三极管组成的，它有两个输入端和两个输出端，电路中的元器件参数完全对称。基本差动放大电路如图 1.3.8 所示。

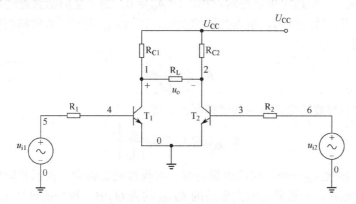

图 1.3.8 基本差动放大电路

（2）抑制零点漂移原理。

差动放大电路能抑制零点漂移（零点漂移是指输入信号为零时，输出不为零的信号）：静态时，输入信号为零，由于两个三极管特性相同，因此当温度或其他外界条件发生变化时，两个三极管集电极电流 I_{CQ1} 和 I_{CQ2} 的变化规律始终相同，结果两管的集电极电位 U_{CQ1}、U_{CQ2} 始终相等，从而 $U_{OQ}=U_{CQ1}-U_{CQ2}\equiv0$。这样就消除了零点漂移。

（3）信号输入方式和信号响应。

①差模输入方式。两个输入端的输入信号大小相等、方向相反时称为差模输入。此时 $U_{i1}=U_{id}$，$U_{i2}=-U_{id}$，差模输入信号为 $U_{i1}-U_{i2}=2U_{id}$，差模放大倍数为

$$A_d = \frac{U_{od}}{2U_{id}} = A_{u1}$$

结论：差模电压放大倍数等于半电路电压放大倍数。

②共模输入方式。两个输入端的输入信号大小相等、方向一致时称为共模输入。在共模输入信号作用下，差动放大电路两边电路中的电流和电压的变化完全相同，即 $U_{i1}=U_{i2}=U_{iC}$，$U_{oC}=0$，共模放大倍数为

$$A_C=U_{oC}/U_{iC}=0$$

③任意输入方式。两个输入信号电压的大小和相对极性是任意的，既非共模，也非差模。

这种输入方式带有一般性，称为任意输入方式。可以分解为一对共模信号和一对差模信号的组合，即

$$u_{i1} = u_{iC} + u_{id}, \quad u_{i2} = u_{iC} - u_{id}$$

式中，u_{iC} 为共模信号，u_{id} 为差模信号。u_{i1} 和 u_{i2} 的平均值是共模分量 u_{iC}；u_{i1} 和 u_{i2} 的差值是差模分量 u_{id}，即

$$u_{iC} = \frac{1}{2}(u_{i1} + u_{i2})$$

$$u_{id} = (u_{i1} - u_{i2})$$

（4）共模抑制比。对差动放大电路来说，差模信号是有用信号，要求对差模信号有较大的放大倍数；而共模信号是干扰信号，因此对共模信号的放大倍数越小越好。对共模信号的放大倍数越小，意味着零点漂移越小，抗共模干扰的能力越强，当用于差动放大时，就越能准确、灵敏地反映出信号的偏差值。

在一般情况下，电路不可能绝对对称，即 $A_{uC} \neq 0$。为了全面衡量差动放大电路放大差模信号和抑制共模信号的能力，引入共模抑制比，用 K_{CMR} 表示。共模抑制比定义为 A_{ud} 与 A_{uC} 之比的绝对值，即

$$K_{CMR} = \left| \frac{A_{ud}}{A_{uC}} \right|$$

实际中还常用对数的形式表示共模抑制比，即

$$K_{CMR}(dB) = 20\lg \left| \frac{A_{ud}}{A_{uC}} \right|$$

若 $A_{uC} = 0$，则 $K_{CMR} \to \infty$，这是理想情况。共模抑制比越大，表示差动放大电路对共模信号的抑制能力越好。一般差动放大电路的 K_{CMR} 约为 60dB，较好的可达 120dB。

基本差动放大电路存在不足：双端输出时，不可能完全抑制零漂；单端输出时，对零漂毫无抑制能力。因此，可以对基本差动放大电路进行改进，引入发射极耦合差动放大电路。

2．发射极耦合差动放大电路

1）双端输入双端输出

双端输入双端输出发射极耦合差动放大电路如图 1.3.9 所示。

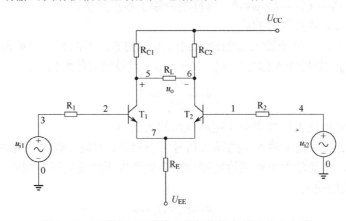

图 1.3.9　双端输入双端输出发射极耦合差动放大电路

①静态分析：当$u_{i1} = u_{i2} = 0$时，双端输入双端输出发射极耦合差动放大电路的直流通路如图1.3.10所示。

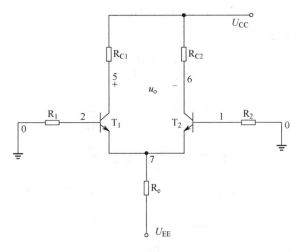

图1.3.10 双端输入双端输出发射极耦合差动放大电路的直流通路

由于流过R_E的电流为I_{E1}和I_{E2}之和，并且电路具有对称性，因此$I_{E1}=I_{E2}$，流过R_E的电流为

$$2I_{E1} \cdot IR_E = I_{E1} + I_{E2} = 2I_E$$

因此

$$U_{RE} = I_{RE}R_E = 2I_E R_E = I_E(2R_E)$$

由于电路完全对称，因此两三极管的静态工作点相同。

$$I_{BQ} \cdot R_1 + U_{BEQ} + 2I_{EQ} \cdot R_E = U_{EE}$$

$$I_{EQ} = (1 + \beta)I_{BQ}$$

$$I_{BQ} = \frac{U_{EE} - U_{BEQ}}{R_1 + 2(1 + \beta)R_E}$$

$$I_{CQ} = \beta I_{BQ}$$

$$U_{CEQ} = U_{CC} + U_{EE} - I_{CQ}R_C - 2I_{EQ} \cdot R_E$$

可见，R_e、U_{EE}确定后，工作点就确定了。

②差模输入动态分析。

双端输入双端输出发射极耦合差动放大电路的交流通路和微变等效电路如图1.3.11所示。差模电压放大倍数为

$$A_{ud1} = \frac{U_{od1}}{U_{id1}} = -\beta \frac{R_C // \dfrac{R_L}{2}}{R + r_{BE1}} \ , \quad A_{ud2} = \frac{U_{od2}}{U_{id2}} = -\beta \frac{R_C // \dfrac{R_L}{2}}{R_1 + r_{BE2}}$$

或

$$A_{ud} = \frac{U_{od1} - U_{od2}}{U_{id1} - U_{id2}} = \frac{2U_{od1}}{2U_{id1}} = A_{ud1} = A_{ud2}$$

或

$$A_d = \frac{U_{od}}{2U_{id}} = -\frac{\beta R_L'}{R_1 + r_{BE}}$$

差模输入电阻为

$$R_{id} = 2(R_1 + r_{BE})$$

差模输出电阻为

$$R_{od} = 2R_C$$

共模电压放大倍数为

$$A_{uC} = \frac{u_{oC}}{u_{iC}} = \frac{u_{oC1} - u_{oC2}}{u_{iC}} \approx 0$$

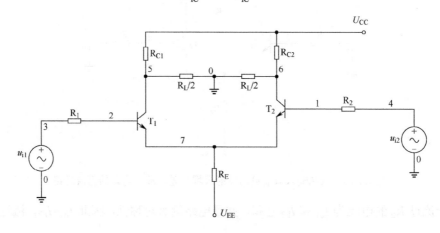

（a）交流通路

（b）微变等效电路

图 1.3.11　双端输入双端输出发射极耦合差动放大电路的交流通路和微变等效电路

2）双端输入单端输出

双端输入单端输出发射极耦合差动放大电路如图 1.3.12 所示。

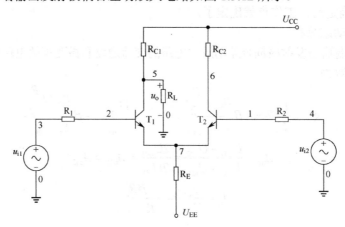

图 1.3.12　双端输入单端输出发射极耦合差动放大电路

①静态分析：分别对 T_1 和 T_2 进行分析。

②动态分析。

差模电压放大倍数为

$$A_{\text{ud1}} = -\frac{1}{2}\frac{\beta(R_C//R_L)}{R_1 + r_{BE}}$$

$$A_{\text{ud2}} = +\frac{1}{2}\frac{\beta(R_C//R_L)}{R_1 + r_{BE}}$$

放大倍数的正负号理解：设从 T_1 的基极输入信号，从 T_1 的集电极输出取负号，从 T_2 的集电极处输出取正号。

差模输入电阻为

$$R_{\text{id}} = 2(R_1 + r_{BE})$$

差模输出电阻为

$$R_{\text{od}} = R_C$$

共模电压放大倍数为

$$A_{\text{uC}} = \frac{u_{\text{oC1}}}{u_{\text{iC}}} = -\frac{\beta R'_L}{R_1 + r_{BE} + (1+\beta)2R_E} \approx -\frac{R'_L}{2R_E}$$

3）单端输入双端输出

①静态分析同双端输入双端输出。

②动态分析。

$$u_{\text{i1}} = u_{\text{i}}$$

$$u_{\text{i2}} = 0$$

$$u_{\text{id}} = \frac{u_{\text{i1}} - u_{\text{i2}}}{2} = \frac{u_{\text{i}}}{2}$$

$$u_{\text{iC}} = \frac{u_{\text{i1}} + u_{\text{i2}}}{2} = \frac{u_{\text{i}}}{2}$$

4）单端输入单端输出

①静态分析：同双端输入单端输出。

②动态分析：同双端输入单端输出。

5）增加调零电阻后四种接法下的性能分析比较

①差模电压放大倍数与输入方式（单端或双端）无关，只与输出方式有关。

双端输出时，差模电压放大倍数为

$$A_{\text{ud}} = -\frac{\beta\left(R_C//\dfrac{R_L}{2}\right)}{R_1 + r_{BE} + (1+\beta)\dfrac{R_P}{2}}$$

单端输出时，差模电压放大倍数为

$$A_{\text{ud}} = \pm\frac{\beta(R_C//R_L)}{R_1 + r_{BE} + (1+\beta)\dfrac{R_P}{2}}$$

②共模电压放大倍数与输入方式（单端或双端）无关，只与输出方式有关。

双端输出时，共模电压放大倍数为

$$A_{uC} = 0$$

单端输出时，共模电压放大倍数为

$$A_{uC} \approx -\frac{R'_L}{2R_E}$$

③不论是单端输入还是双端输入，差模输入电阻 R_{id} 始终是基本放大电路输入电阻的两倍，即

$$R_i = 2\left[R_1 + r_{BE} + (1+\beta)\frac{R_P}{2} \right]$$

④输出电阻的关系如下。

双端输出时，输出电阻为

$$R_o = 2R_C$$

单端输出时，输出电阻为

$$R_o = R_C$$

⑤共模抑制比的关系如下。

双端输出时，K_{CMR} 为无穷大。

单端输出时，共模抑制比为

$$K_{CMR} = \left| \frac{A_{ud}}{A_{uC}} \right| \approx \frac{\beta R_E}{R_1 + r_{BE} + (1+\beta)\frac{R_P}{2}}$$

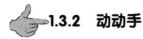

1.3.2　动动手

调试典型差动放大电路，如图 1.3.13 所示。

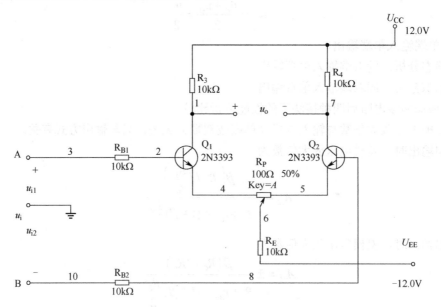

图 1.3.13　典型差动放大电路

1）测量静态工作点

①调节放大器零点：不接入信号源 u_i，将放大器输入端 A、B 接地，用直流电压表测量输出电压 U_o，调节调零电位器 R_P，使 $U_o=0$。

②测量静态工作点：零点调好以后，用直流电压表测量 Q_1、Q_2 各电极电位及发射极电阻 R_E 两端电压 U_{RE}，根据 $I_E \approx \dfrac{|U_{EE}|-U_{BE}}{R_E}$，$I_{C1}=I_{C2}=\dfrac{1}{2}I_E$，计算出 I_C、I_B、U_{CE}，并记入表 1.3.3 中。

表 1.3.3　测量静态工作点的结果

测量值	U_{C1}/V	U_{B1}/V	U_{E1}/V	U_{C2}/V	U_{B2}/V	U_{E2}/V	U_{RE}/V
计算值	I_C/mA			I_B/V			U_{CE}/V

2）测量差模电压放大倍数和共模电压放大倍数

①断开直流电源，将函数信号发生器的输出端接放大器输入 A 端，接地端接放大器输入 B 端，构成单端输入方式，调节输入信号，用示波器监视输出端（集电极 C_1 或 C_2 与地之间）。接通 ±12V 直流电源，逐渐增大输入电压 u_i，在输出波形无失真的情况下，用交流毫伏表测出 u_i、u_{C1}、u_{C2}，记入表 1.3.4 中，并观察 u_i、u_{C1}、u_{C2} 之间的相位关系及 U_{RE} 随 u_i 改变而变化的情况。

②将 A、B 短接，信号源接 A 端与地之间，构成共模输入方式，调节输入信号，在输出电压无失真的情况下，测出 u_{C1}、u_{C2}，记入表 1.3.4 中，并观察 u_i、u_{C1}、u_{C2} 之间的相位关系及 U_{RE} 随 U_i 改变而变化的情况。

表 1.3.4　差模电压放大倍数和共模电压放大倍数

参数	单端输入	共模输入
u_i/V		
u_{C1}/V		
u_{C2}/V		
$A_{d1}=u_{C1}/u_i$		/
$A_d=u_o/u_i$		/
$A_{C1}=u_{C1}/u_i$	/	
$A_C=\dfrac{U_o}{U_i}$	/	
$K_{CMR}=\|A_{d1}/A_{C1}\|$		

任务 1.3.3　反馈电路的分析与调试

1. 集成运放中的反馈

实际使用的集成运放组成电路中，往往要引入反馈以改善放大电路性能，因此掌握反馈的基本概念与判断方法是研究集成运放电路的基础。

1）反馈概述

（1）反馈的基本概念。

在电子电路中，将输出量的一部分或全部通过一定的电路形式反馈给输入回路，与输入信号共同作用于放大器的输入端，这个过程称为反馈。反馈放大电路框图如图 1.3.14 所示。

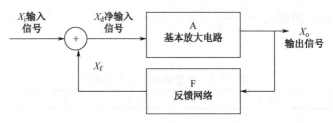

图 1.3.14　反馈放大电路框图

在图 1.3.14 中，基本放大电路的净输入信号电路 $X_d = X_i - X_F$，反馈网络的输出为 $X_F = F_X \cdot X_o$，基本放大电路的输出为 $X_o = A_X \cdot X_d$。其中 A_X 是基本放大电路的增益，F_X 是反馈网络的反馈系数，这里的下标 "X" 表示电压或电流，A_X 和 F_X 中的下标 "X" 表示它们是以下几种情况中的一种。

$A_u = \dfrac{u_o}{u_i}$ 称为电压增益，$A_i = \dfrac{i_o}{i_i}$ 称为电流增益，$F_u = \dfrac{v_f}{v_o}$ 称为电压反馈系数，$F_i = \dfrac{i_f}{i_o}$ 称为电流反馈系数。

（2）正反馈与负反馈。

若基本放大电路的净输入信号比原始输入信号小，则为负反馈；若基本放大电路的净输入信号比原始输入信号大，则为正反馈。也就是说，若 $X_i < X_d$，则为正反馈，若 $X_i > X_d$，则为负反馈。

（3）直流反馈与交流反馈。

若反馈量只包含直流信号，则称为直流反馈；若反馈量只包含交流信号，则称为交流反馈。直流反馈一般用于稳定工作点，而交流反馈用于改善放大电路的性能。

（4）开环与闭环。

从反馈放大电路框图可以看出，基本放大电路加上反馈后形成了一个环。若有反馈，则称反馈环闭合了；若无反馈，则称反馈环被打开了。因此，常用闭环表示有反馈，开环表示无反馈。

2）反馈的判断

（1）有无反馈的判断。

若基本放大电路中存在将输出回路与输入回路连接的通路，即反馈通路，并由此影响了基本放大电路的净输入，则表明引入了反馈。在如图 1.3.15（a）所示的电路中，由于输入回路与输出回路之间没有通路，因此没有反馈；在如图 1.3.15（b）所示的电路中，因为电阻 R_2 将输出信号反馈到输入端与输入信号共同作用于放大器输入端，所以具有反馈；而在如图 1.3.15（c）所示的电路中，虽然有电阻 R_1 连接输入回路与输出回路，但是由于输出信号对输入信号没有影响，因此没有反馈。

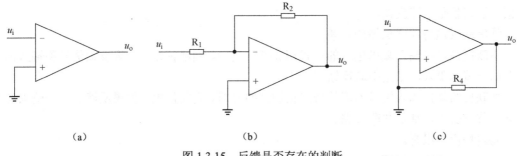

图 1.3.15　反馈是否存在的判断

（2）反馈极性的判断。

反馈极性的判断就是判断是正反馈还是负反馈。常用瞬时极性法来判断反馈的极性。

瞬时极性法的具体判断过程如下。

首先规定输入信号在某一时刻的极性；然后逐级判断电路中各个相关点的电流流向与电位的极性，从而得到输出信号的极性；之后根据输出信号的极性判断出反馈信号的极性。若反馈信号使净输入信号增加，则是正反馈；若反馈信号使净输入信号减小，则是负反馈。

在如图 1.3.16（a）所示的电路中，首先设输入电压瞬时极性为正，那么集成运放的输出为正，产生的电流流过 R_2 和 R_1，在 R_1 上产生上正下负的反馈电压，反馈电压与输入电压同极性，净输入减小，说明该电路引入了负反馈。

在如图 1.3.16（b）所示的电路中，首先设输入电压瞬时极性为正，那么集成运放的输出为负，产生电流流过 R_2 和 R_1，在 R_1 上产生上负下正的反馈电压，反馈电压与输入电压极性相反，净输入减小，说明该电路引入了正反馈。

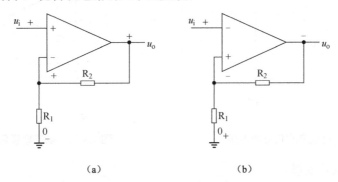

图 1.3.16　反馈极性的判断

除可以用瞬时极性法判断反馈极性外，还可以用以下方法来判断。

当输入信号和反馈信号从不同端子引入时，二者极性相同为负反馈，极性相反为正反馈。

当输入信号和反馈信号从同一节点引入时，二者极性相同为正反馈，极性相反为负反馈。

（3）反馈组态的判断。

①电压与电流反馈的判断。

电压反馈是指反馈量取自输出端的电压并与之成比例。电流反馈是指反馈量取自电流并与之成比例。

电压反馈和电流反馈的判断方法是将放大器输出端的负载短路，若反馈不存在就是电压反馈，否则就是电流反馈。

②串联反馈与并联反馈的判断。

串联反馈是在输入端以电压的形式相加减的反馈。判断依据：如果反馈信号和输入信号不在同一节点引入，则是串联反馈。

并联反馈是在输入端以电流的形式相加减的反馈。判断依据：如果反馈信号和输入信号在同一节点引入，则是并联反馈。

③四种反馈组态。

● 电压串联负反馈。

图 1.3.17 是电压串联负反馈电路，反馈组态的判断过程如下。

首先，将负载 R_L 短路，相当于输出端接地，当 $u_o=0$ 时，反馈不存在，所以是电压反馈。

其次，反馈信号和输入信号在不同一节点引入，所以是电压串联反馈。

最后，使用瞬时极性法判断正负反馈，各瞬时极性如图 1.3.33 所示，可见 u_i 与 u_F 极性相同，净输入信号小于输入信号，所以是负反馈。

● 电流串联负反馈。

图 1.3.18 是电流串联负反馈电路，反馈组态的判断过程如下。

首先，将负载 R_L 短路，这时仍有电流流过电阻 R_1，产生反馈电压，所以是电流反馈。

其次，反馈信号和输入信号在不同节点引入，所以是电流串联反馈。

最后，使用瞬时极性法判断正负反馈，各瞬时极性如图 1.3.18 所示，可见 u_i 与 u_F 极性相同，净输入信号小于输入信号，所以是负反馈。

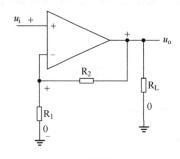　　　　　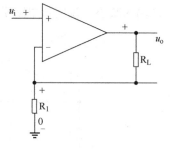

图 1.3.17　电压串联负反馈电路　　　　　图 1.3.18　电流串联负反馈电路

● 电压并联负反馈。

电压并联负反馈电路如图 1.3.19，反馈组态的判断过程如下。

首先，将负载 R_L 短路，相当于输出端接地，当 $u_o=0$ 时，反馈不存在，所以是电压反馈。

其次，反馈信号和输入信号在同一节点引入，所以是电压并联反馈。

最后，使用瞬时极性法判断正负反馈，i_f 瞬时流向会对 i_i 分流，使 i_d 减小，净输入信号 i_d 小于输入信号 i_i，所以是负反馈。

● 电流并联负反馈。

电流并联负反馈电路如图 1.3.20，反馈组态的判断过程如下。

首先，将负载 R_L 短路，仍有电流流过电阻 R_1，产生反馈电流 i_F，所以是电流反馈。

其次，反馈信号和输入信号在同一节点引入，所以是电流并联反馈。

最后，使用瞬时极性法判断正负反馈，各瞬时极性和瞬时电流方向如图 1.3.20，可见，i_f 瞬时流向会对 i_i 分流，使 i_d 减小，净输入信号 i_d 小于输入信号 i_i，所以是负反馈。

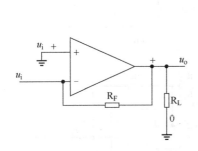

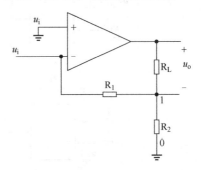

图 1.3.19　电压并联负反馈电路　　　　　　图 1.3.20　电流并联负反馈电路

2. 负反馈放大电路的一般表达式

由反馈放大电路框图可知反馈放大电路的增益，即

$$A_{Xf} = \frac{X_o}{X_i} = \frac{X_o}{X_d + X_f} = \frac{A_X X_d}{X_d + X_d A_X F_X} = \frac{A_X}{1 + A_X F_X}$$

当 $1 + A_X F_X > 1$ 时，$A_{Xf} < A_X$，为负反馈。

当 $1 + A_X F_X < 1$ 时，$A_{Xf} > A_X$，为正反馈。

当 $1 + A_X F_X = 0$ 时，$A_{Xf} = \infty$，既没有输入也有输出，这时放大电路就变成了振荡电路。

当 $1 + A_X F_X \gg 1$ 时，$1 + A_X F_X \approx A_X F_X$，增益表达式为 $A_{Xf} \approx \dfrac{1}{F_X}$，为深度负反馈。

根据 A_{Xf} 和 F_X 定义的

$$A_{Xf} = \frac{X_o}{X_i}$$

$$F_X = \frac{X_f}{X_o}$$

$$A_{Xf} \approx \frac{1}{F_X} = \frac{X_o}{X_f}$$

负反馈对放大电路的性能影响很大，除可以改变放大电路的输入电阻、输出电阻外，还可以稳定放大倍数、展宽频带并减小非线性失真。特别是当反馈深度很大时，改善的效果更加明显，但是反馈深度很大时，容易引起放大电路的不稳定，产生自激振荡。

1.3.3　动动脑

判断图 1.3.21 个电路的反馈组态，并说明串并联反馈、电流电压反馈和正负反馈的详细判断过程。

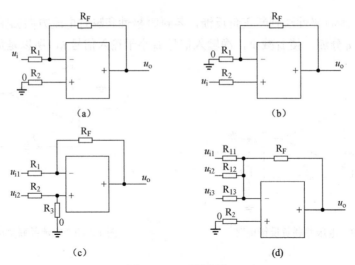

图 1.3.21　反馈电路

 1.3.3　手脑合作

（1）调试如图 1.3.22 所示的电压串联负反馈放大电路，并分析反馈网络接入前后对电路的放大倍数和电路工作稳定状态等的影响。

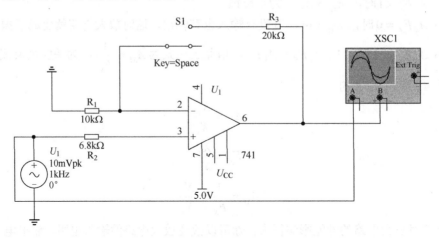

图 1.3.22　电压串联负反馈放大电路

（2）调试如图 1.3.23 所示的三极管负反馈放大电路。

① 测试静态工作点。

令 U_{CC}=+12V，调节 R_W 使第一级放大器工作点为 U_{E1}=1.6V，用万用表测量各引脚电压并记录在表 1.3.5 中。

表 1.3.5　三极管负反馈放大电路的静态工作点（单位：V）

U_{E1}	U_{B1}	U_{C1}	U_{E2}	U_{B2}	U_{C2}

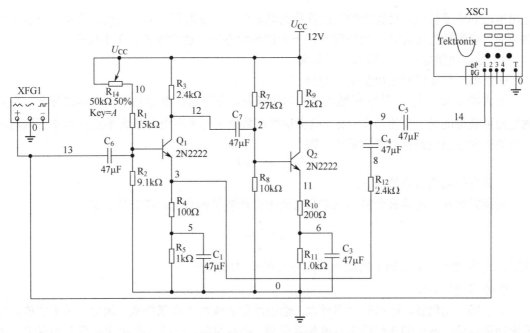

图 1.3.23　三极管负反馈放大电路

② 测量放大倍数与反馈深度。

分别测出闭环输入输出电压和开环输入输出电压，根据测量值计算出闭环开环放大倍数及反馈深度，将结果填入表 1.3.6 中。

表 1.3.6　放大倍数与反馈深度

u_I/V	u_o/V	A_u	u_{IF}/V	u_{oF}/V	A_{uF}	反馈深度 $F= A_u/ A_{uf}$

任务 1.3.4　功率放大电路的分析与调试

1. 功率放大电路的介绍

1）功率放大电路概述

功率放大电路（简称功放）是一种能够向负载电路提供足够功率输出的放大电路，其用途非常广泛。例如，收音机、录音机、电视机、汽车等的音响、扬声器之前的电路必有功放；一些测控系统中的控制电路中也存在功放。功放有分立电路、集成电路两种电路形式。

2）功放与共发射极（共集电极、共基极）放大电路的异同点

相同点：同为由三极管构成的放大电路；本质同为对能量的控制与转换，即将电路中直流电源的能量转换为信号的能量，提供给负载电路。

不同点：对输出电量的要求不同，共发射极（共集电极、共基极）放大电路要求输出端能够向负载电路提供一定的输出电压或输出电流，因此又称为电压放大电路或电流放大电路；而功放要求电路输出端向负载电路提供足够的功率输出，由 $P=UI$ 知，要求输出电压和

输出电流的值都较大。功放中的三极管称为功放管，共发射极（共集电极、共基极）放大电路中的三极管称为放大管。功放管工作于大信号状态下；放大管工作于小信号状态下。

3）功放电路应满足的基本性能要求

①根据负载电路要求提供所需功率。

最大输出功率 P_{om}：功放在输入信号为正弦波，并且输出波形基本不失真状态下，其负载电路可获得的最大交流功率。最大输出功率在数值上等于在电路最大不失真状态下输出电压有效值和输出电流有效值的乘积，即

$$P_{om} = U_o \times I_o$$

②具有较高的转换效率 η。

转换效率 η：电路最大输出功率与直流电源所提供的直流功率之比，即

$$\eta = \frac{P_{om}}{P_u}$$

式中，P_u 为功放中电流的平均值与直流电源电压值的乘积。

③非线性失真要小。

对于同一功放管，输出的功率越大，输出波形非线性失真越严重。因此，对于功放，其输出功率与输出波形的非线性失真度相互矛盾，在应用时，一般根据实际需要人为规定一个允许的失真度。

4）功放管的工作状态

①甲类状态。Q 点位置设置合理，功放管在输入信号的整个周期（2π）内都是导通工作的，即其导通角 $\theta = 360°$。这称为功放管工作于甲类状态。在甲类状态下，即使电路 $u_i = 0$，也会有较大的 I_{CQ} 流经集电结，在电路内部产生功率损耗，对应的 η 最大取值只有 50%。

②甲乙类状态。功放管的 Q 点位置偏下，I_{CQ} 降低，功放管只能在输入信号的大半个周期内导通工作。此种状态下功放管的导通角 $\theta = 180° \sim 360°$，称功放管工作于甲乙类状态。功放在这种工作状态下内部功耗降低，η 提高。

③乙类状态：Q 点下移至横坐标轴上，即只让功放管在输入正弦波的半个周期内导通工作，导通角 $\theta = 180°$。这称为功放管工作于乙类状态，即当电路的 $u_i = 0$ 时，电路中的 $I_{CQ} = 0$，内部功耗最小，η 可达 78.5%。

2. OTL 乙类互补对称功率放大电路

OTL 乙类互补对称功放如图 1.3.24 所示。

1）结构特点

①VT_1 和 VT_2 分别由 NPN 型三极管和 PNP 型三极管组成，它们共同对 R_L 组成发射极输出器。

②电路只有一个电源，NPN 型三极管由 U_{CC} 供电，PNP 型三极管由电容 C 供电。R_1 和 R_2 分别为两管的偏置电阻。

③电路不使用变压器，用电容 C 来耦合，因此称为 OTL 电路。电路中的两管轮流工作，互补对称输出，各处理正弦信号的 $180°$，因此又称为乙类互补对称电路。因为 VT_1 靠 U_{CC} 供电，VT_2 靠 C 供电，所以 C 的电容量必须非常大，否

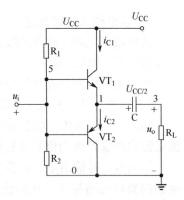

图 1.3.24　OTL 乙类互补对称功放

则在负半周内会因供电不足而产生失真。

2）原理分析

①静态时：合理选取 R_1、R_2，使两管均微通，其发射极电位为 $U_{CC}/2$。大电容 C 已充满电，U_C 也为 $U_{CC}/2$。

②当 u_i 为正半周时：VT_1 放大、VT_2 截止。正半周的信号通过 VT_1、C 到达负载，VT_1 的供电电压为

$$U_{CC}-U_C=U_{CC}-U_{CC}/2=U_{CC}/2$$

③当 u_i 为负半周时：VT_1 截止、VT_2 放大。负半周的信号通过 VT_2 和电容 C 到达负载，VT_2 的供电电压为

$$U_C=-U_{CC}/2$$

④因为 VT_1 和 VT_2 各负责输入信号半周波形的放大，所以负载上 $i_{RL}=i_{C1}-i_{C2}$，合成了一个完整的正弦波。

3）电路参数

最大输出功率为

$$P_{om}=\frac{1}{2}\frac{(\frac{U_{CC}}{2}-U_{CES})^2}{R_L}\approx\frac{U_{CC}^2}{8R_L}$$

直流电源消耗的功率为

$$P_u=\frac{U_{CC}(U_{CC}/2-U_{CES})}{\pi R_L}\approx\frac{U_{CC}^2}{2\pi R_L}$$

最大效率为

$$\eta_m=\frac{P_{om}}{P_u}\times100\%=\frac{\frac{1}{8}\frac{U_{CC}^2}{R_L}}{\frac{U_{CC}^2}{2\pi R_L}}\times100\%=\frac{\pi}{4}\times100\%\approx78.5\%$$

每个三极管的最大功耗为

$$P_{Tm}=0.2P_{om}$$

4）优缺点

优点：效率高，理想情况下最高可达 78.5%；在静态时，$i_{C1}=i_{C2}=0$，即静态功耗为 0。

缺点：在输入信号为 0 附近的区域内，VT_1 和 VT_2 都不导通，会出现交越失真。因此，以上电路若不改进，则没有实用的价值。

5）交越失真

①产生原因：在输入信号正半周或负半周的起始段，VT_1、VT_2 都处于截止状态，这一段输出信号出现了失真，称为交越失真。

②克服方法：在两个互补管的基极引入电阻 R、VD_1 和 VD_2 支路，保证电路在静态时或起始段，VT_1 和 VT_2 都处于导通状态，这样就克服了两管都截止的情况，保证了输出信号不出现失真。

如图 1.3.25 所示，在这个放大电路中，每管的导通角（工作区）都大于 180° 同时小于 360°。

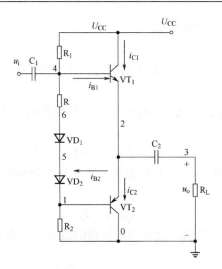

图 1.3.25　克服交越失真的 OTL 甲乙类互补对称放大电路

原理分析如下。

①在静态时：由 R 和 VD$_1$、VD$_2$ 在两个三极管的基极上产生一个偏压，使 VT$_1$ 和 VT$_2$ 微导通。所以当 u_i=0 时，VT$_1$ 和 VT$_2$ 上有微弱电流。但是，i_L=0。

②当 u_i 为正半周时，i_{C1} 逐渐增大，VT$_1$ 在放大区工作，i_{C2} 逐渐减小，VT$_2$ 进入截止区。

③当 u_i 为负半周时，i_{C2} 逐渐增大，VT$_2$ 在放大区工作，i_{C1} 逐渐减小，VT$_1$ 进入截止区。

④在 u_i 整个周期内，负载 R$_L$ 上得到了比较理想的正弦波，减弱了交越失真。

克服交越失真的 OTL 甲乙类互补对称放大电路的参数可以用乙类互补电路的公式近似计算。此电路的交越失真小，效率较高，应用非常广泛。该电路的缺点是，电容体积大，不易集成化；低频效果差，不适用于高档音响设备。

3. OCL 互补对称电路

OCL 互补对称电路如图 1.3.26 所示。

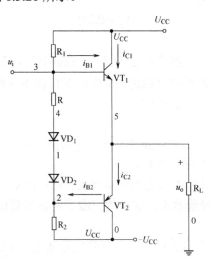

图 1.3.26　OCL 互补对称电路

1）电路结构

彻底实现了直接耦合，采用两路电源（用 $-U_{CC}$ 替代了 OTL 电路中的 U_C），分别为 VT_1 和 VT_2 供电。

2）工作原理与电路参数

工作原理：与 OTL 电路基本相同，但供电方式不同。

电路参数：最大输出功率为

$$P_{om} = \frac{1}{2}\frac{(U_{CC}-U_{CES})^2}{R_L} \approx \frac{U_{CC}^2}{2R_L}$$

直流电源消耗的功率为

$$P_u = \frac{2U_{CC}(U_{CC}-U_{CES})}{\pi R_L} \approx \frac{2U_{CC}^2}{\pi R_L}$$

最大效率为

$$\eta_m = \frac{P_{om}}{P_u}\times100\% = \frac{\dfrac{U_{CC}^2}{2R_L}}{\dfrac{2U_{CC}^2}{\pi R_L}}\times100\% = \frac{\pi}{4}\times100\% \approx 78.5\%$$

每个三极管的最大功耗为

$$P_{Tm} = 0.2P_{om}$$

3）优缺点

优点：兼具 OTL 电路的所有优点，省去了电容 C，便于集成化；改善了低频响应。

缺点：负载直接与发射极相连，一旦三极管损坏，U_{CC} 形成的大电流将直接流过负载，若时间稍长则会造成负载烧毁。在实用电路中常采用熔断保险丝与负载串联或启用二极管、三极管对电路进行保护。

4. 复合管组成的功放

复合管组成的功放如图 1.3.27 所示。

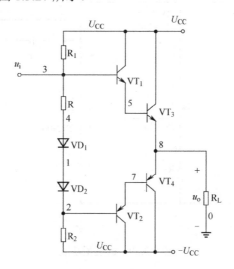

图 1.3.27 复合管组成的功放

1.3.4 动动手

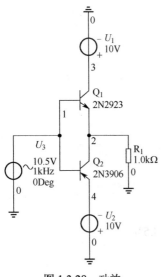

图 1.3.28　功放

调试如图 1.3.28 所示的功放。

（1）使 u_i=0，测量两管集电极静态工作电流，并记录 I_{C1}=（　　），I_{C2}=（　　）。

（2）改变 u_i，使 f_i=1kHz，U_{im}=10.5V，用示波器（DC 输入端）同时观察 u_i、u_o 的波形并记录，判断互补对称电路的输出波形是否失真。

（3）不接 Q_2，用示波器（DC 输入端）同时观察 u_i、u_o 的波形并记录，判断 Q_1 工作在甲类状态还是乙类状态。

（4）不接 Q_1，接入 Q_2，用示波器（DC 输入端）同时观察 u_i、u_o 波形并记录，判断 Q_2 工作在甲类状态还是乙类状态。

（5）再接入 Q_1，用示波器测量 u_o 幅度 U_{om}，计算输出功率 P_o 并记录。

（6）输入端接入 u_i（f_i=1kHz，U_{im}=2V），用示波器（DC 输入端）同时观察 u_i、u_o 的波形并记录，判断输出波形在过零点处有无失真。

（7）改进型功放如图 1.3.29 所示，观察其输出波形有无失真。

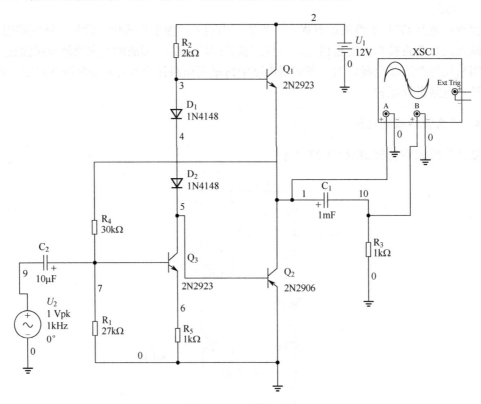

图 1.3.29　改进型功放

任务 1.3.5 简易助听器的设计与调试

（1）绘制助听器直流通路。

画直流通路原则：电容断开，交流信号取 0，保持直流电源。助听器直流通路如图 1.3.30 所示。

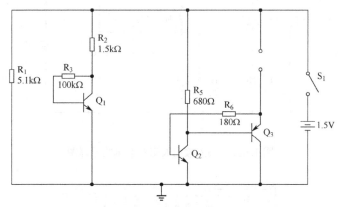

图 1.3.30 助听器直流通路

（2）分别测试 Q_1、Q_2、Q_3 各电极电压，分析它们各自的工作状态。根据探针的读数可得

$$U_{BE1}=0.743>0, \quad U_{BC1}=0.743-1.04<0$$

即 Q_1 发射结正偏，集电结反偏，Q_1 工作在放大状态。

$$U_{BE2}=0.249>0, \quad U_{BC2}=0.249-1.50<0$$

即 Q_2 发射结正偏，集电结反偏，Q_2 工作在放大状态。

$U_{B2}=U_{E3}$，$U_{C2}=U_{B3}$，Q_3 通过反馈电阻 R_6 调整 Q_2 的输入信号和输出信号，确保信号不失真。Q_1、Q_2、Q_3 的工作状态如图 1.3.31 所示。

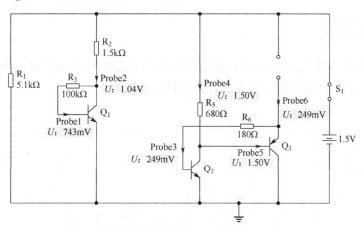

图 1.3.31 Q_1、Q_2、Q_3 的工作状态

（3）用示波器观察输入输出波形。

输入输出波形观察电路原理图如图 1.3.32 所示。输入波形和输出波形如图 1.3.33 所示，可以看出，助听器输入信号相位和输出信号相位相同，输出信号明显放大，并且基本不失真。

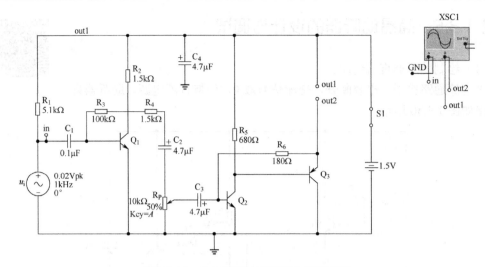

图 1.3.32　输入输出波形观察电路原理图

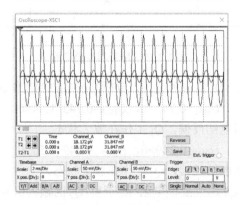

图 1.3.33　输入输出波形

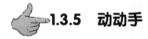1.3.5　动动手

　　图 1.3.34 是具有输入级的助听器，仿真观察输入输出波形，与没有输入级的助听器比较，哪款保真性能更好？哪款的放大性能更好？为什么？

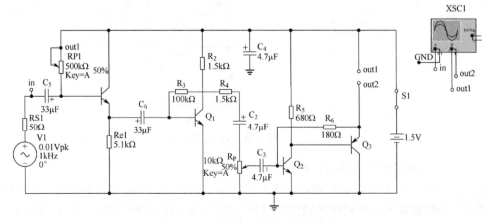

图 1.3.34　具有输入级的助听器电路

课后自测

一、判断题，对的"√"，错的打"×"

1. 已知测得两个共发射极放大电路空载时的电压放大倍数均为-10，将它们连成两级放大电路，其电压放大倍数应为 100。   （   ）
2. 阻容耦合多级放大电路各级 Q 点相互独立。   （   ）
3. 阻容耦合多级放大电路只能放大交流信号。   （   ）
4. 直接耦合多级放大电路各级 Q 点相互影响。   （   ）
5. 直接耦合多级放大电路只能放大直流信号。   （   ）
6. 只有直接耦合放大电路中的三极管参数才会随温度变化而变化。   （   ）
7. 互补输出级应采用共集电极或共漏极接法。   （   ）

二、选择题

1. 直接耦合多级放大电路存在零点漂移的原因是（   ）。
   A. 电阻阻值有误差   B. 晶体管参数存在分散性
   C. 晶体管参数受温度影响   D. 电源电压不稳定
2. 集成放大电路采用直接耦合方式的原因是（   ）。
   A. 便于设计   B. 放大交流信号   C. 不易制作大容量电容
3. 选用差分放大电路的原因是（   ）。
   A. 克服温漂   B. 提高输入电阻   C. 稳定放入倍数
4. 差分放大电路的差模信号是两个输入端信号的（   ），共模信号是两个输入端信号的（   ）。
   A. 差   B. 和   C. 平均值
5. 用恒流源取代长尾式差分放大电路中的发射极电阻 R_E，将使电路的（   ）。
   A. 差模放大倍数数值增大
   B. 抑制共模信号能力增强
   C. 差模输入电阻增大
6. 互补输出级采用共集电极形式是为了使（   ）。
   A. 电压放大倍数大
   B. 不失真输出电压大
   C. 带负载能力强

项目 1.4 简易电子琴的分析与调试

↘ 学习目标

能力目标：能调试集成运放几种常见的应用电路，主要包括比例运算电路、求和运算电路、减法运算电路、微积分运算电路及 RC 振荡电路；能分析并调试简易电子琴。

知识目标：识别比例运算电路、求和运算电路、减法运算电路、微积分运算电路及 RC 振荡电路等模型，理解它们的作用和各自的重要参数。

项目背景

现代的流行音乐离不开电子琴，电子琴可以演奏出许多其他乐器无法演奏出的音色，人们通过这些音乐表现自己的情感，在很多电视节目或音乐作品中都有运用。电子琴是目前用于音乐普及教育和音乐素质培养的乐器，它的经济性为它在普通家庭的普及带来了可能。电子琴作为科技与音乐的综合产物，在信息化和电子化的时代，为音乐的大众化做出了不可磨灭的贡献。现代歌曲的制作，很多都需要电子琴才能完成，然后才通过媒介流传开来，电视剧和电影的插曲、电视节目音效、手机铃声几乎都可以发现电子琴的身影。电子琴实物图如图 1.4.1 所示。为了方便学习模拟电路中的集成运放相关知识，我们模仿如图 1.4.1 所示电子琴的功能，以集成运放为核心元器件设计了类似功能的仿真简易电子琴。简易电子琴电路原理图如图 1.4.2 所示。

图 1.4.1　电子琴实物图

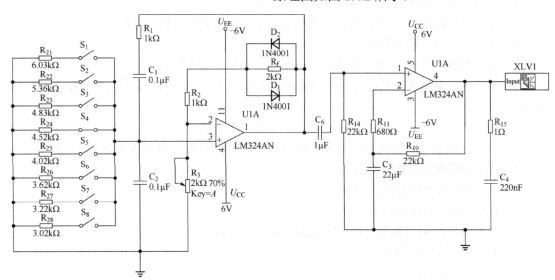

图 1.4.2　简易电子琴电路原理图

任务 1.4.1　电压比较电路的分析与调试

集成运算放大器（IC Operational Amplifer 或 IC OP-Amp）简称集成运放，它是 20 世纪 60 年代发展起来的一种高增益直接耦合放大器。集成运放是目前模拟集成电路中发展最快，品种最多，应用最广泛的一种模拟集成电子元器件。

1．结构

集成运放由输入级、中间级、输出级和各级偏置电路组成。集成运放结构框图如图 1.4.3 所示。

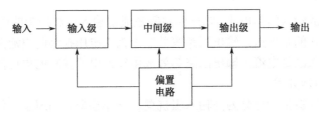

图 1.4.3　集成运放结构框图

输入级由常用双端输入的差动放大电路组成，一般要求输入电阻高，差模放大倍数大，抑制共模信号的能力强，静态电流小。输入级的好坏直接影响集成运放的输入电阻、共模抑制比等参数。

中间级是一个高放大倍数的放大器，常用多级共发射极放大电路组成。该级的放大倍数可达数千甚至数万倍。

输出级具有输出电压线性范围宽、输出电阻小的特点，常采用互补对称输出电路。

偏置电路向各级提供静态工作点，一般用电流源电路组成。

2．符号

由集成运放的结构可知，它具有两个输入端（U_p 和 U_N），以及一个输出端（U_o）。这两个输入端一个称为同相端，另一个称为反相端。这里的同相和反相指的是输入电压和输出电压之间的关系，若正的输入电压从同相端输入，则输出端输出正的输出电压；若正的输入正电压从反相端输入，则输出端输出负的输出电压。运算放大器的常用符号如图 1.4.4 所示。

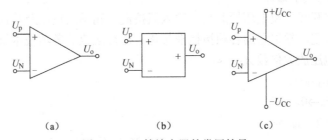

图 1.4.4　运算放大器的常用符号

图 1.4.4（a）是集成运放的国际流行符号，图 1.4.4（b）是集成运放的国标符号，图 1.4.4（c）是具有电源引脚的集成运放国际流行符号。

3．种类

1）按照制造工艺分类

集成运放按照制造工艺可分为双极型、CMOS 型和 BiFET 型。双极型运放功能强、种类多，但是功耗大；CMOS 型运放输入阻抗高、功耗小，可以在低电源电压下工作；BiFET 型运放是双极型运放和 CMOS 型运放的混合产品，兼有双极型运放和 CMOS 型运放的优点。

2）按照工作原理分类

集成运放按照工作原理可分为电压放大型、电流放大型、跨导型和互阻型。

电压放大型运放输入的是电压，输出回路等效成由输入电压控制的电压源，如 F007、LM324 和 MC14573。

电流放大型运放输入的是电流，输出回路等效成由输入电流控制的电流源，如 LM3900。

跨导型运放输入的是电压，输出回路等效成由输入电压控制的电流源，如 LM3080。

互阻型运放输入的是电流，输出回路等效成由输入电流控制的电压源，如 AD8009。

3）按照性能指标分类

集成运放按照性能指标可分为高输入阻抗型、低漂移型、高速型、低功耗型和高压型。

4．电压传输特性

集成运放输出电压 U_o 与输入电压（U_p-U_N）之间的关系称为电压传输特性。对于采用正负电源供电的集成运放，其电压传输特性如图 1.4.5 所示。

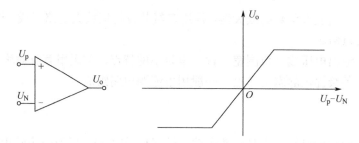

图 1.4.5 采用正负电源供电的集成运放的电压传输特性

5．集成运放的理想模型

1）理想运放的技术指标

集成运放具有开环差模电压增益高、输入阻抗高、输出阻抗低及共模抑制比高等特点，实际中为了分析方便，常将它的各项指标理想化。理想运放的各项技术指标如下。

①开环差模电压放大倍数 $A_d \to \infty$。

②输入电阻 $R_{id} \to \infty$。

③输出电阻 $R_o \to 0$。

④共模抑制比 $K_{CMR} \to \infty$。

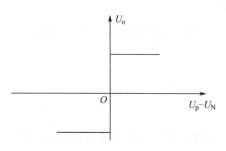

图 1.4.6 理想运放的电压传输特性

由于实际运放的技术指标与理想运放的技术指标比较接近，因此在分析电路的工作原理时，用理想运放代替实际运放产生的误差并不严重。这在一般的工程计算中是允许的。

2）理想运放的工作特性

理想运放的电压传输特性如图 1.4.6 所示。工作于线性区和非线性区的理想运放具有不同的特性。

①线性区。

理想运放工作在线性区有虚短和虚断两种特性。

虚短是指理想运放工作在线性区时，$U_P=U_N$。因为 $U_o=A_d(U_P-U_N)$，而 $A_d\to\infty$，所以 $U_P-U_N=0$、$U_P=U_N$ 就说明 U_P、U_N 两个电位点短路，但是由于没有电流，因此称为虚短路，简称虚短。

虚断是指理想运放工作在线性区时，$I_P=I_N=0$。由输入电阻 $R_{id}\to\infty$ 可知，流进运放同相输入端和反相输入端的电流 I_P、I_N 满足 $I_P=I_N=0$；而 $I_P=I_N=0$ 表示流过电流 I_P、I_N 的电路断开了，但是实际上没有断开，所以称为虚断路，简称虚断。

②非线性区。

由于工作于非线性区理想运放的 $R_{id}\to\infty$ 仍然成立，因此电流 I_P、I_N 仍然满足 $I_P=I_N=0$。但由于 $U_o\neq A_d(U_P-U_N)$，因此 $U_P\neq U_N$、$U_P=U_N$ 成为 U_{o+} 与 U_{o-} 的转折点。由电压传输特性可知，当 $U_P>U_N$ 时，$U_o=U_{o+}$；当 $U_P<U_N$ 时，$U_o=U_{o-}$。

6. 电压比较器

电压比较器是一种将一个模拟电压信号与参考电压信号相比较后输出一定高低电平的电路。

电压比较器中由集成运放组成的电路处于非线性状态，该电路输出与输入的关系 $u_o=f(u_i)$ 是非线性函数。

判定集成运放工作在非线性状态的依据是电路开环或引入正反馈。

集成运放工作在非线性状态的分析方法：若 $U_+>U_-$，则 $U_o=+U_{om}$；若 $U_+<U_-$，则 $U_o=-U_{om}$。

1）单门限电压比较器

①过零比较器。

过零比较器是指比较的门限电平为 0，如图 1.4.7 所示，根据运放工作在非线性状态特点可得如下结论。

当输入电压从同相端输入时，若 $U_i>0$，则 $U_o=+U_{om}$；若 $U_i<0$，则 $U_o=-U_{om}$。

当输入电压从反相端输入时，若 $U_i<0$，则 $U_o=+U_{om}$；若 $U_i>0$，则 $U_o=-U_{om}$。

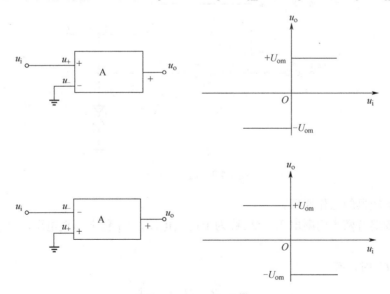

图 1.4.7　过零比较器

②单门限电压比较器。

单门限电压比较器如图 1.4.8 所示，其中，U_{REF} 是门限电压。

若 u_i 从同相输入端输入，则当 $u_i > U_{REF}$ 时，$u_o = +U_{om}$；当 $u_i < U_{REF}$ 时，$u_o = -U_{om}$。

若 u_i 从反相输入端输入，则当 $u_i < U_{REF}$ 时，$u_o = +U_{om}$；当 $u_i > U_{REF}$ 时，$u_o = -U_{om}$。

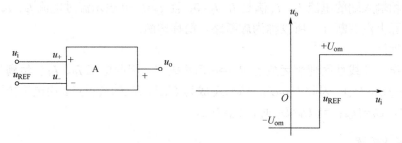

（a）单门限电压比较器（同相输入端输入）

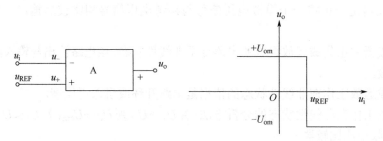

（b）单门限电压比较器（反相输入端输入）

图 1.4.8　单门限电压比较器

2）迟滞比较器

迟滞比较器如图 1.4.9 所示，该电路是一个正反馈网络，运放工作在非线性区。

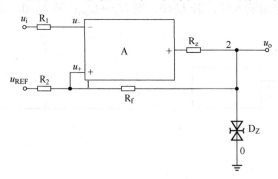

图 1.4.9　迟滞比较器

①迟滞比较器的工作原理。

迟滞比较器有两个门限电压，U_{T+} 称为上门限电压，U_{T-} 称下门限电压，（$U_{T+} - U_{T-}$）称为回差电压。

当 $u_o = +U_Z$ 时，有

$$u_+ = U_{T+} = \frac{R_2}{R_F + R_2} U_Z + \frac{R_F}{R_F + R_2} U_{REF}$$

当 $u_o = -U_Z$ 时，有

$$u_+ = U_{T-} = -\frac{R_2}{R_2 + R_F}U_Z + \frac{R_F}{R_2 + R_F}U_{REF}$$

②迟滞比较器的电压传输特性。

迟滞比较器的电压传输特性如图 1.4.10 所示。假设迟滞比较器初始值 $u_o = +U_Z$，$u_+ = U_{T+}$，在 u_i 增大趋势下，当 u_i 到达 U_{T+} 时，u_o 从 $+U_Z$ 切换到 $-U_Z$，这时 $u_o = -U_Z$，$u_+ = U_{T-}$，在 u_i 减小趋势下，当 $u_i = <U_{T-}$ 时，u_o 从 $-U_Z$ 切换到 $+U_Z$。

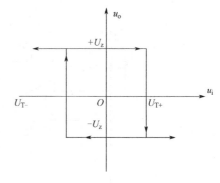

图 1.4.10　迟滞比较器的电压传输特性

3）窗口比较器

窗口比较器如图 1.4.11 所示，它有两个参考电压 U_{RH} 和 U_{RL}（$U_{RH} > U_{RL}$），当 $u_S > U_{RH}$ 时，$U_o = U_{oH}$；当 $u_S < U_{RL}$ 时，$U_o = U_{oH}$；当 $U_{RL} < u_S < U_{RH}$ 时，$U_o = 0$，如图 1.4.12 所示。

4）三态电压比较器

三态电压比较器如图 1.4.13 所示，当 $u_S < U_{R2}$，$U_{o1} = U_{o2} = U_{oL}$ 时，D_2 导通，D_1 截止，$u_o = U_{oL}$；当 $u_S > U_{R1}$，$U_{o1} = U_{o2} = U_{oH}$ 时，D_2 截止，D_1 导通，$u_o = U_{oH}$；当 $U_{R1} > u_S > U_{R2}$ 时，D_2 截止，D_1 截止，$u_o = 0$。三态电压比较器的电压传输特性如图 1.4.14 所示。

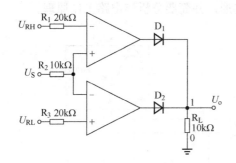

图 1.4.11　窗口比较器

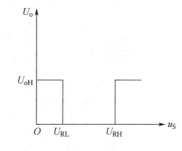

图 1.4.12　窗口比较器的电压传输特性

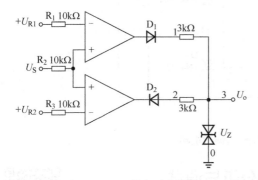

图 1.4.13　三态电压比较器

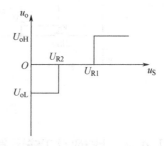

图 1.4.14　三态电压比较器的电压传输特性

👉 1.4.1　动动手

（1）搭建过零比较器调试电路，如图 1.4.15 所示，信号发生器产生频率为 1kHz、幅值为 2V 的正弦波信号，用示波器观察输入输出波形，并简要分析该电路工作原理。

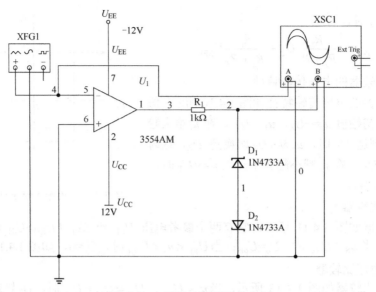

图 1.4.15　过零比较器调试电路

（2）搭建滞回比较器调试电路，如图 1.4.16 所示，信号发生器产生频率为 1kHz、幅值为 2V 的正弦波信号，用示波器观察输入输出波形，并简要分析该电路工作原理。

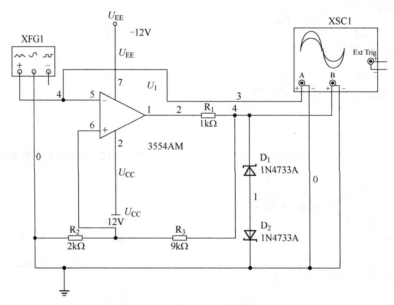

图 1.4.16　滞回比较器调试电路

任务 1.4.2　比例/加减运算电路的分析与调试

1. 反向比例运算电路

反向比例运算电路如图 1.4.17 所示。

由 $i_- \approx i_+ \approx 0$ 可知，$i_i \approx i_F$，又由 $u_- \approx u_+ = 0$ 可知，$u_o = -i_F R_F$，而放大倍数 $A_{uF} = \dfrac{u_o}{u_i} \approx$

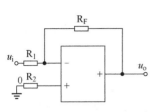

图 1.4.17　反向比例运算电路

$\dfrac{-i_F R_F}{i_1 R_1} = -\dfrac{R_F}{R_1}$，因此，$U_o = -\dfrac{R_F}{R_1} U_i$。为使两输入端对地直流电阻相等，通常取 $R_2 = R_1 /\!/ R_F$。

例 1：反向比例运算电路如图 1.4.17 所示，其中 $R_1 = 10\text{k}\Omega$，$R_F = 20\text{k}\Omega$，$u_i = -1\text{V}$。求 u_o 和 R_p。

解：

$$A_u = -(R_F / R_1) = -20/10 = -2$$
$$u_o = A_u u_i = (-2) \times (-1) = 2\ (\text{V})$$
$$R_p = R_1 /\!/ R_F = 10 /\!/ 20 = 6.7\ (\text{k}\Omega)$$

2．同向比例运算电路

同向比例运算电路如图 1.4.18 所示。

因为 $u_- \approx u_+ = u_i$，$i_i \approx i_F$，所以 $\dfrac{u_i}{R_1} = \dfrac{u_o - u_i}{R_F} = \dfrac{u_o}{R_F} - \dfrac{u_i}{R_F}$，即

$$u_o = (1 + \frac{R_F}{R_1})u_i$$

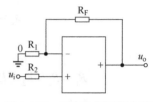

图 1.4.18　同向比例运算电路

例 2：同向比例运算电路如图 1.4.18 所示，其中，$R_1 = 10\text{k}\Omega$，$R_F = 20\text{k}\Omega$，$u_i = -1\text{V}$。求 u_o，R_p。

解：

$$A_{uF} = 1 + \frac{R_F}{R_1} = 1 + \frac{20}{10} = 3$$
$$u_o = A_{uF} u_i = 3 \times (-1) = -3\ (\text{V})$$
$$R_p = R_1 /\!/ R_F = 10 /\!/ 20 = 6.7\ (\text{k}\Omega)$$

3．反向求和运算电路

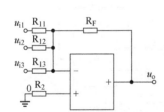

图 1.3.19　反向求和运算电路

同向比例运算电路如图 1.3.19 所示。由于反相电路存在虚断，即虚地现象，因此 $u_- = u_+ = 0$，可知 $i_1 = \dfrac{u_{i1}}{R_{11}}$，$i_2 = \dfrac{u_{i2}}{R_{12}}$，$i_3 = \dfrac{u_{i3}}{R_{13}}$，$i_F = -\dfrac{u_0}{R_F}$，又根据虚短现象 $i_- = i_+ = 0$，可知 $i_1 + i_2 + i_3 = i_F$。

将这些等式进行整理可得 $\dfrac{u_{i1}}{R_{11}} + \dfrac{u_{i2}}{R_{12}} + \dfrac{u_{i3}}{R_{13}} = -\dfrac{u_0}{R_f}$，即

$$u_0 = -(\frac{R_F}{R_{11}} u_{i1} + \frac{R_F}{R_{12}} u_{i2} + \frac{R_F}{R_{13}} u_{i3})$$，这样就实现了反相求和运算。其中，$R_2 = R_{11} /\!/ R_{12} /\!/ R_{13} /\!/ R_F$。

例 3：两输入反向求和运算电路如图 1.3.20 所示，已知 $R_1 = R_2 = 10\text{k}\Omega$，$R_F = 20\text{k}\Omega$，$u_{i1} = u_{i2} = -1\text{V}$，求 u_o、R_p。

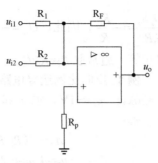

图 1.3.20　两输入反向求和运算电路

解：

$$u_o = -(\frac{R_F}{R_1}u_{i1} + \frac{R_F}{R_2}u_{i2}) = -(\frac{20}{10} \times 1 + \frac{20}{10} \times 1) = -4（V）$$

$$R_P = R_1 // R_2 // R_F = (R_1 // R_2) // R_F = \frac{10 \times 10}{10+10} // R_F = 5 // 20 = \frac{5 \times 20}{5+20} = 4（kΩ）$$

4．减法运算电路

减法运算电路如图 1.3.21 所示。

假设 $u_{i2} = 0$，只有 u_{i1} 作用，则 $u_{o1} = -\frac{R_F}{R_1}u_{i1}$；假设 $u_{i1} = 0$，只有 u_{i2} 作用，则 $u_{o2} = (1+\frac{R_F}{R_1})U_+ = (1+\frac{R_F}{R_1})\frac{R'_F}{R'_1 + R'_F}u_{i2}$。一般取 $R_1 = R_2$，$R_F = R_3$，则 $u_o = u_{o1} + u_{o2} = R_F/R_1(u_{i2} - u_{i1})$。

例 4：说明如图 1.3.22 所示二级减法运算电路的输入输出关系。

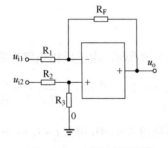

图 1.3.21　减法运算电路

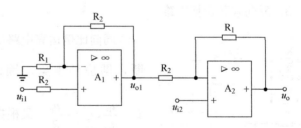

图 1.3.22　二级减法运算电路

解：

$$u_{o1} = (1+\frac{R_2}{R_1})u_{i1}$$

$$u_o = -\frac{R_1}{R_2}u_{o1} + (1+\frac{R_1}{R_2})u_{i2} = -\frac{R_1}{R_2}(1+\frac{R_2}{R_1})u_{i1} + (1+\frac{R_1}{R_2})u_{i2}$$

$$= -\frac{R_1}{R_2}u_{i1} - u_{i1} + (1+\frac{R_1}{R_2})u_{i2} = -(1+\frac{R_1}{R_2})u_{i1} + (1+\frac{R_1}{R_2})u_{i2}$$

$$= (1+\frac{R_1}{R_2})(u_{i2} - u_{i1})$$

1.4.2　动动手

（1）仿真调试反向比例运算电路，如图 1.3.23 所示。

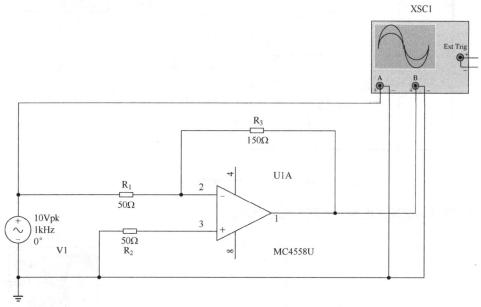

图 1.3.23　反向比例运算电路调试电路

（2）仿真调试同向比例运算电路，如图 1.3.24 所示。

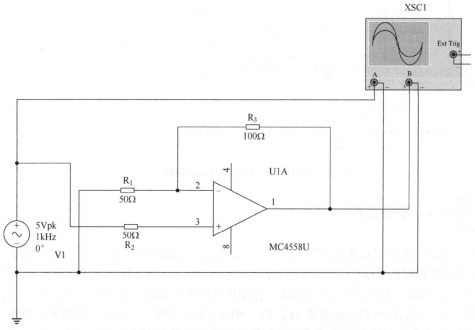

图 1.3.24　同向比例运算电路调试电路

（3）仿真测试加法电路，如图 1.3.25 所示，电路中 $R_1=R_2=R_F=10\text{k}\Omega$，运放为 MC4558。

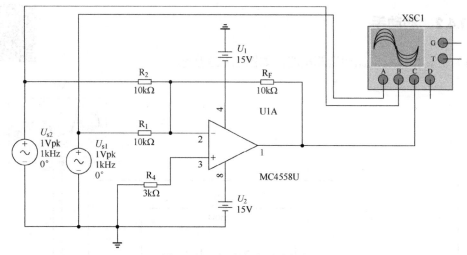

图 1.3.25 加法电路调试电路

（4）仿真调试减法电路，如图 1.3.26 所示。

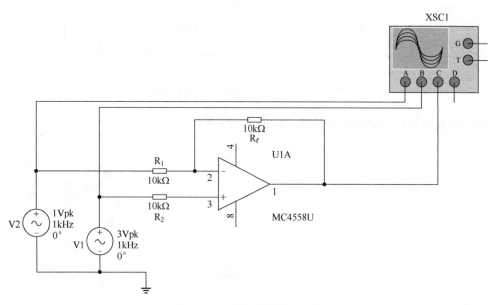

图 1.3.26 减法电路调试电路

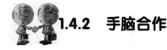 1.4.2 手脑合作

（1）设计反向比例运算电路并调试。已知输入电压分别是 1V、2V、3V、4V、5V，设计一电路，使对应的输出电压分别是-3V、-6V、-9V、-12V、-15V，给出设计步骤并调试电路。

（2）设计同向比例运算电路并调试。已知输入电压分别是 1V、2V、3V、4V、5V，设计一电路，使对应的输出电压分别是 3V、6V、9V、12V、15V，给出设计步骤调试电路。

（3）设计反向求和电路并调试。已知两组输入电压分别是 1V、3V、5V（2V、4V、6V）设计一电路，使对应的输出电压分别是-3V、-7V、-11V，给出设计步骤并调试电路。如果输入电压不变，输出电压分别是 3V、7V、11V，又该如何设计？给出设计步骤并调试电路。

任务 1.4.3　微积分运算电路的分析与调试

1. 微分运算电路

微分运算电路如图 1.4.27 所示，因为 $u_- = u_+ = 0$，$i_F = -\dfrac{u_o}{R}$，$i_1 = C\dfrac{du_i}{dt}$，而 $i_1 = i_F \rightarrow -\dfrac{u_o}{R} = C\dfrac{du_i}{dt}$，因此 $u_o = -RC\dfrac{du_i}{dt}$。

微分运算电路的输入端如果是方波，则在输出端得到正负相间的尖脉冲，并且发生在方波的上升沿和下降沿，如图 1.4.28 所示。

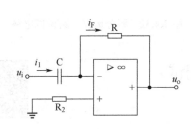

图 1.4.27　微分运算电路

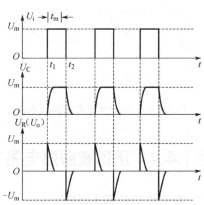

图 1.4.28　微分运算电路的输入输出波形

2. 积分运算电路

积分运算电路如图 1.4.29 所示，因为 $i_F = C\dfrac{du_C}{dt}$，而 $u_C = -u_o$，所以 $i_F = -C\dfrac{du_o}{dt}$。又因为 $i_1 = i_F$，$u_- = u_+ = 0$，所以 $\dfrac{u_i}{R} = -C\dfrac{du_o}{dt}$，即 $u_o = -\dfrac{1}{RC}\int u_i dt$。

积分运算电路如果输入的是方波，则在输出端得到锯齿波，如图 1.4.30 所示。

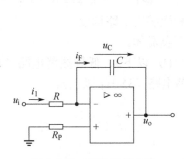

图 1.4.29　积分运算电路

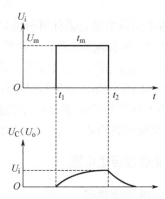

图 1.4.30　积分运算电路的输入输出波形

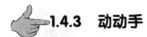 **1.4.3　动动手**

（1）调试微分运算电路的输入输出波形。在图 1.4.31 中，$R=3\text{k}\Omega$，$C=0.1\mu\text{F}$（调试时在电容 C 支路中串联一个 51Ω 的电阻，防止产生过冲响应），u_S 为 1V、100kHz 的方波信号，运放为 MC4558，$+U_\text{CC}=+15\text{V}$，$U_\text{EE}=-15\text{V}$。

（2）调试积分运算电路的输入输出波形。在图 1.4.32 中，R 为 $1\text{k}\Omega$，C 为 $0.1\mu\text{F}$，运放为 MC4558。

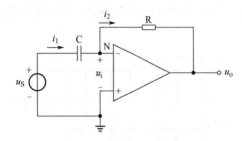 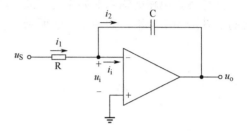

图 1.4.31　微分运算电路调试电路　　　　图 1.4.32　积分运算电路调试电路

任务 1.4.4　正弦波振荡电路的分析与调试

1．振荡电路的基本概念

1）定义

振荡电路是指在无输入信号情况下，将电源的直流能量转换成具有一定的频率、波形和振幅交流信号能量的电子电路。

2）分类

振荡电路按波形可分为正弦波振荡电路和非正弦波（矩形波、锯齿波、尖脉冲、梯形波、阶梯波）振荡电路。

振荡电路按工作方式可分为负阻型振荡电路和反馈型振荡电路。

振荡电路按选频网络所采用的元器件可分为 LC 振荡电路、RC 振荡电路和晶体振荡电路等。

振荡电路按电路元器件可分为以下几种。

①分立元器件振荡电路。这种振荡电路由 R、L、C、三极管、变压器等分立元器件构成。

②集成振荡电路。这种振荡电路由集成放大电路和数字门电路构成。

③晶体振荡电路。这种振荡电路的物理元器件是石英晶体。

振荡电路按输出频率分可分为超低频振荡电路（1Hz 以下）、低频振荡电路（1Hz 至 3kHz）、高频振荡电路（3kHz 至 3MHz）和超高频振荡电路（3MHz 以上）。

2．正弦波振荡电路

1）自激振荡概念

如果在放大器的输入端不加输入信号，输出端仍有一定的幅值和频率的输出信号，则这种现象称为自激振荡。只有正反馈电路才能产生自激振荡。自激振荡框图如图 1.4.33 所示。

自激振荡产生的条件（见图 1.4.34）：$\dot{A}\dot{F}=1$，式中 A 为放大倍数，F 为反馈深度。因为 $\dot{A}=|A|\angle\phi_A$，$\dot{F}=|F|\angle\phi_F$，所以自激振荡的条件也可以写成如下形式。

振幅条件：$|AF|=1$。

相位条件：$\varphi_A+\varphi_F=2n\pi$（$n$ 是整数）。

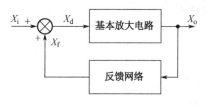
　　　　　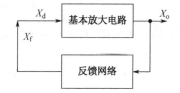

　　　图 1.4.33　自激振荡框图　　　　　　　　图 1.4.34　自激振荡产生的条件

2）正弦波振荡电路定义

正弦波振荡电路就是没有外加输入信号，依靠电路自激振荡而产生正弦波输出电压的电路。

3）振荡电路工作条件

（1）起振条件：保证振荡电路从无到有建立起振荡。

振幅起振条件：$AF>1$（$A=\dfrac{X_0}{X_d}$，$F=\dfrac{X_F}{X_0}$）。

相位起振条件：$\varphi_A+\varphi_F=2n\pi$（$n$ 是整数）。

（2）平衡条件：保证振荡电路进入平衡状态，产生持续的等幅振荡。

振幅平衡条件：$AF=1$。

相位平衡条件：$\varphi_A+\varphi_F=2n\pi$（$n$ 是整数）。

4）振荡电路组成部分

（1）控制能量转换的有源元器件（如晶体管、场效应管、集成放大器等）：常用基本放大电路代替，其作用是保证电路从起振到有一定幅值的输出电压。

（2）选频网络：由 RC、LC、石英晶体等电路组成。它决定了振荡频率 f_0，振荡电路只有一个频率满足振荡条件，从而获得单一频率的正弦波输出。

3．RC 串并联选频网络

RC 串并联选频网络如图 1.4.35 所示。

R_1C_1 串联阻抗为

$$Z_1=R_1+(1/j\omega C_1)$$

R_2C_2 并联阻抗为

$$Z_2=R_2//(1/j\omega C_2)=\frac{R_2}{1+j\omega R_2C_2}$$

选频特性为

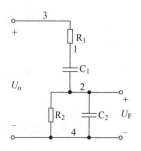

图 1.4.35　RC 串并联选频网络

$$\dot{F} = \frac{U_F}{U_o} = \frac{Z_2}{Z_1 + Z_2} = \frac{\dfrac{R_2}{1 + j\omega R_2 C_2}}{R_1 + \dfrac{1}{j\omega C_1} + \dfrac{R_2}{1 + j\omega R_2 C_2}}$$

$$= \frac{1}{(1 + \dfrac{C_2}{C_1} + \dfrac{R_1}{R_2}) + j(\omega R_1 C_2 - \dfrac{1}{\omega R_2 C_1})}$$

通常，取 $R_1 = R_2 = R$，$C_1 = C_2 = C$，则有

$$\dot{F} = \frac{1}{3 + j(\omega RC - \dfrac{1}{\omega RC})}$$

若令 $\omega_0 = \dfrac{1}{RC}$，则有

$$\dot{F} = \frac{1}{3 + j(\omega RC - \dfrac{1}{\omega RC})}$$

可得

$$|\dot{F}| = \frac{1}{\sqrt{3^2 + (\dfrac{f}{f_0} - \dfrac{f_0}{f})^2}}$$

$$\varphi_F = -\arctan \frac{\dfrac{f}{f_0} - \dfrac{f_0}{f}}{3}$$

即当 $f_0 = 1 / (2\pi RC)$ 时，输出电压的幅值最大，并且输出电压是输入电压的 1/3（$F = \dfrac{1}{3}$），同时输出电压与输入电压同相。也就是说，利用该 RC 串并联选频网络，既可以选出频率稳定的正弦波信号，也可以通过改变 R、C 的取值，选出不同频率的信号。

例 5：RC 桥式振荡电路如图 1.4.36 所示，已知 $R = 1\text{k}\Omega$，$C = 0.1\mu\text{F}$，$R_1 = 10\text{k}\Omega$。R_F 为多大时才能起振？振荡频率 f_0 是多少？

振幅条件为

$$AF = 1, \quad F = \frac{1}{3}$$

因此可得

$$A = 1 + \frac{R_F}{R_1} = 3$$

所以

$$R_F = 2R_1 = 2 \times 10 = 20 \ (\text{k}\Omega)$$

$$f_0 = \frac{1}{2\pi RC} \approx 1592 \ (\text{Hz})$$

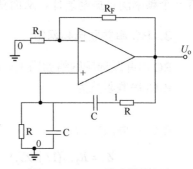

图 1.4.36　RC 桥式振荡电路

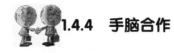 **1.4.4   手脑合作**

RC 桥式振荡电路如图 1.4.36 所示，已知 $R=2k\Omega$，$C=0.01\mu F$，$R_1=10k\Omega$。

（1）R_F 为多大时才能起振？振荡频率 f_0 是多少？

（2）调试电路的输入输出波形。

任务 1.4.5   简易电子琴的设计与调试

（1）用 LM324、电阻与电容构成文氏桥正弦波振荡电路，正弦波的频率可通过电阻修改，输出的正弦波再通过由 LM386 组成的功放，提高带载能力，驱动扬声器发声。

整体实现电路包括文氏桥正弦波振荡电路和由 LM386 组成的功放。简易电子琴框图如图 1.4.37 所示。C 调八音阶对应的基本频率如表 1.4.1 所示。

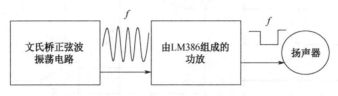

图 1.4.37   简易电子琴框图

表 1.4.1   C 调八音阶对应的基本频率

音阶唱名（C 调）	do	re	mi	fa	sol	la	si	do（高）
频率/Hz	264	297	330	352	396	440	495	528

（2）文氏桥正弦波振荡电路电容、电阻的选择。

取 $C=0.1\mu F$，$R_1=1k\Omega$；振幅条件为 $AF=1$，$F=\dfrac{1}{3}$，得

$$A=1+\frac{R_F}{R_1}=3$$

则 $R_F=2R_1$，根据 $f=f_0=1/2\pi RC$，并结合表 1.4.1，可计算出八个音阶对应的电阻值，即

$$R=\frac{1}{2\pi fC}=\frac{1}{6.28\times10^{-7}f}\approx\frac{1}{6.28f}\times10^7\ (k\Omega)$$

$$R_{21}\approx\frac{1}{6.28\times264}\times10^7\approx6.03\ (k\Omega)$$

$$R_{22}\approx\frac{1}{6.28\times297}\times10^7\approx5.36\ (k\Omega)$$

$$R_{23}\approx\frac{1}{6.28\times330}\times10^7\approx4.83\ (k\Omega)$$

$$R_{24}\approx\frac{1}{6.28\times352}\times10^7\approx4.52\ (k\Omega)$$

$$R_{25}\approx\frac{1}{6.28\times396}\times10^7\approx4.02\ (k\Omega)$$

$$R_{26} \approx \frac{1}{6.28 \times 440} \times 10^7 \approx 3.62 \ (\text{k}\Omega)$$

$$R_{27} \approx \frac{1}{6.28 \times 495} \times 10^7 \approx 3.22 \ (\text{k}\Omega)$$

$$R_{28} \approx \frac{1}{6.28 \times 528} \times 10^7 \approx 3.02 \ (\text{k}\Omega)$$

根据电阻值选择电阻（就近原则）。振荡电路总原理图如图 1.4.38 所示。

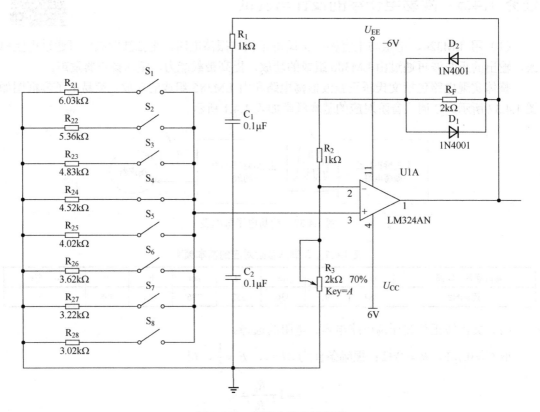

图 1.4.38　振荡电路总原理图

（3）功放采用专用的音频放大器 TDA2030。TDA2030 的引脚如图 1.4.39 所示，功放图如图 1.4.40 所示。

PIN CONFIGURATIONS
1 Non inverting input
2 Inverting input
3 −VS
4 Output
5 +VS

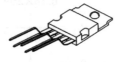

图 1.4.39　TDA2030 的引脚

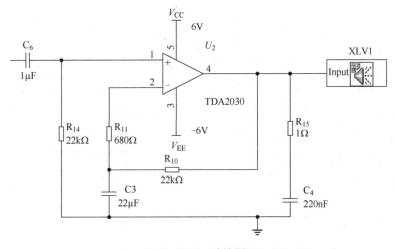

图 1.4.40　功放图

（4）将振荡电路的输出由电容耦合到音频放大器的输入端，音频放大器的输出端接扬声器，即得简易电子琴电路，如图 1.4.41 所示。

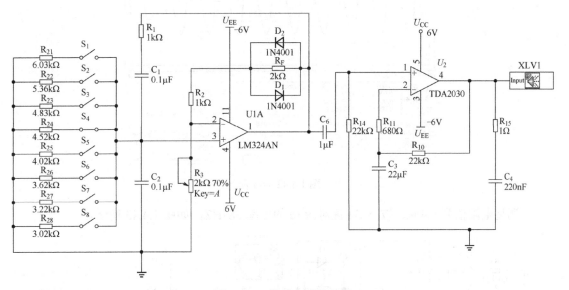

图 1.4.41　简易电子琴电路

（5）以图 1.4.41 为基础，对照音阶频率表调整电阻值得到对应的音阶频率，现以高音区的音阶为例，调试电路。

do	re	mi	fa	sol	la	si	do
523HZ	587HZ	659HZ	698HZ	784HZ	880HZ	988HZ	1047HZ

调整电阻值到 8.01k，按下 SI 键对应 do 的频率 523HZ，如图 1.4.42 所示。

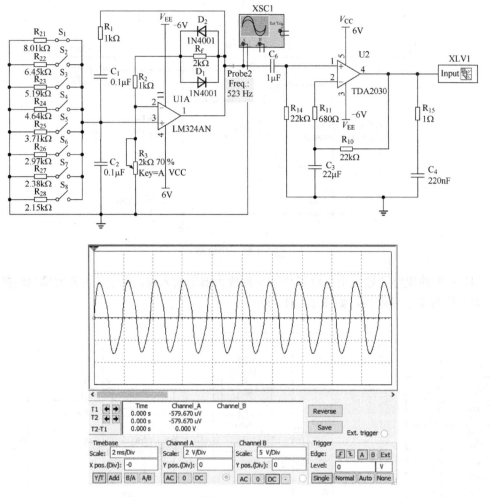

图 1.4.42　do 音

调整电阻值到 6.45k，按下 S2 键对应 re 的频率 587HZ，如图 1.4.43 所示。

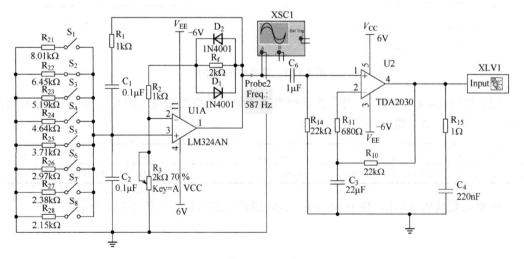

图 1.4.43　re 音

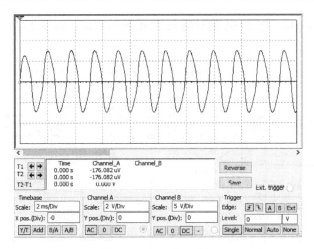

图 1.4.43　re 音（续）

调整电阻值到 5.19k，按下 S3 键对应 mi 的频率 658HZ，如图 1.4.44 所示。

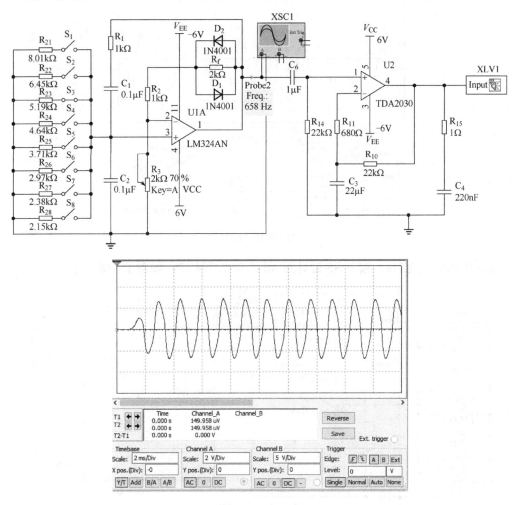

图 1.4.44　mi 音

调整电阻值到 4.64k，按下 S4 键对应 fa 的频率 698HZ，如图 1.4.45 所示。

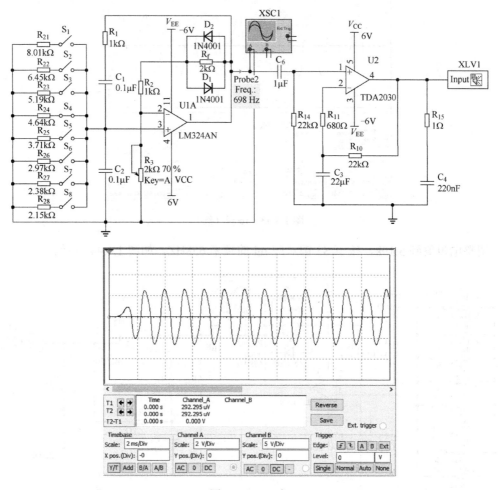

图 1.4.45 fa 音

调整电阻值到 3.71k，按下 S5 键对应 sol 的频率 784HZ，如图 1.4.46 所示。

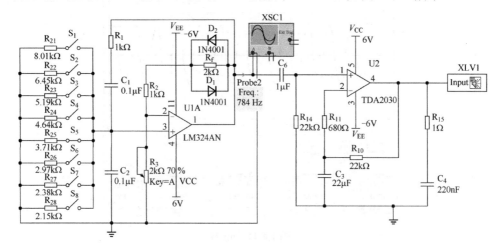

图 1.4.46 sol 音

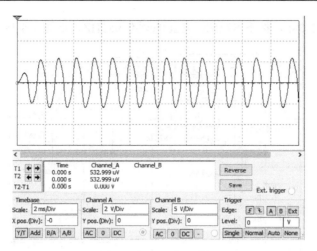

图 1.4.46　sol 音（续）

调整电阻值到 2.97k，按下 S6 键对应 la 的频率 880HZ，如图 1.4.47 所示。

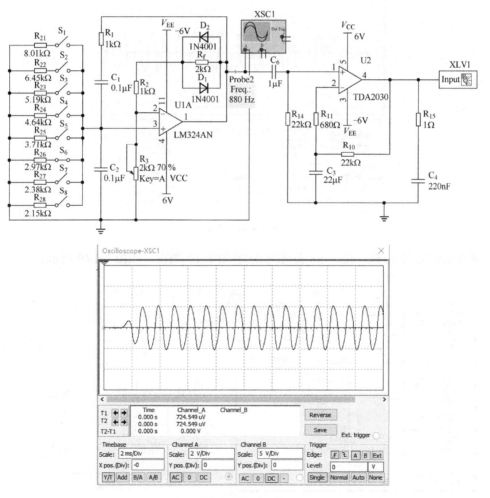

图 1.4.47　la 音

调整电阻值到 2.38k，按下 S7 键对应 si 的频率 987HZ，如图 1.4.48 所示。

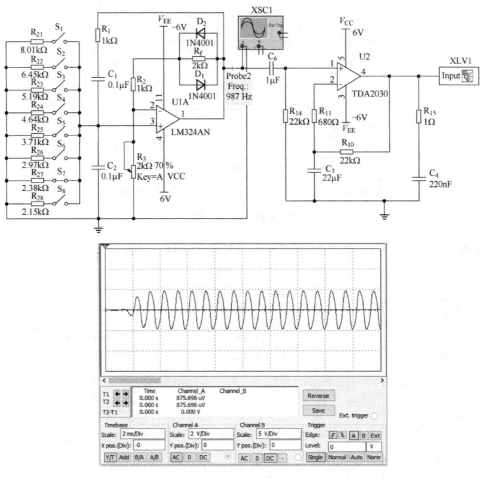

图 1.4.48　si 音

调整电阻值到 2.15k，按下 S8 键对应 do 的频率 1047HZ，如图 1.4.49 所示。

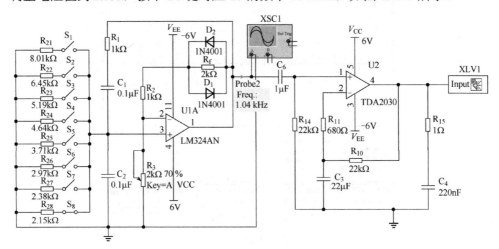

图 1.4.49　do 音

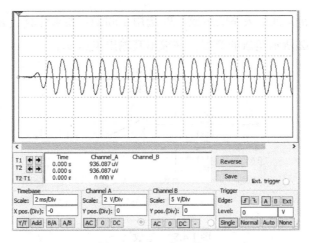

图 1.4.49 do 音（续）

 1.4.5 手脑合作

对照表 1.4.1 的 C 调八音阶对应的基本频率，调试如图 1.4.41 所示的简易电子琴电路的功能。分别按下琴键 S_1 至 S_8，用示波器观察输出信号波形，将计算信号频率与理论频率进行比较。如果条件允许，也可以把如图 1.4.41 所示的电路制作成电子琴实物，体验其实际效果。

课后自测

1．由集成运放组成的电路如图 1.4.50 所示，已知 $R_1=20\text{k}\Omega$，$R_F=200\text{k}\Omega$，$u_i=0.6\text{V}$，求：

（1）输出电压 u_o。

（2）平衡电阻 R_2 的阻值。

（3）电压放大倍数 A_F。

2．加法运算电路如图 1.4.51 所示，已知 $R_1=R_2=R_3=20\text{k}\Omega$，$R_F=40\text{k}\Omega$，$u_{i1}=0.6\text{V}$，$u_{i2}=-0.5\text{V}$，$u_{i3}=1.2\text{V}$，求：

（1）输出电压 u_o。

（2）电压放大倍数 A_F。

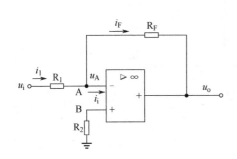

图 1.4.50 由集成运放组成的电路

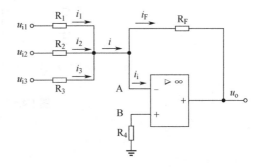

图 1.4.51 加法运算电路

3．画出能实现 $u_o = 20u_i$ 关系的运放，R_F 选用 $100\text{k}\Omega$，要求计算出 R_1 和 R_2 的具体数值。

4．说明图 1.4.52 所示运放的类型，并求出其输出电压 u_o。

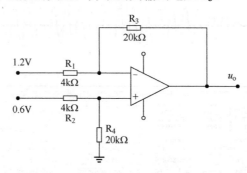

图 1.4.52　运放（一）

5．在图 1.4.53 中，A_1、A_2、A_3 均为理想运放，U_1、U_2、U_3 已知，试求 U_{o1}、U_{o2} 和 U_o。

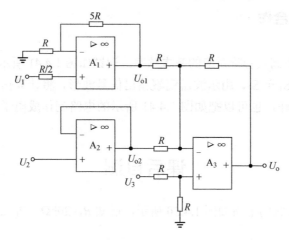

图 1.4.53　运放（二）

6．求图 1.4.54 中运放的输出电压 U_{o1}、U_{o2} 和 U_o。

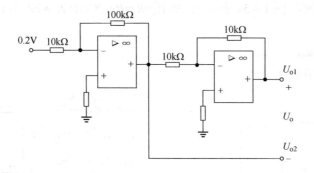

图 1.4.54　运放（三）

模块 2　数字电子电路的分析与调试

数字电子电路的分析与调试模块包括产品质量检测仪的分析与调试、四路数显抢答器的分析与调试、LED 彩灯的分析与调试、简易数字钟的分析与调试 4 个项目。

产品质量检测仪的分析与调试项目主要涵盖了逻辑代数与逻辑运算的分析、逻辑函数的表示与转化、逻辑门芯片的识别与测试、组合逻辑电路功能的分析、组合逻辑电路的设计与调试、用公式法化简逻辑函数、三人表决器的设计与调试、用卡诺图法化简逻辑函数、产品质量检测仪的设计与调试。

四路数显抢答器的分析与调试项目主要涵盖了数制与编码的分析、编码器的分析与测试、译码器的分析与测试、用译码器实现组合逻辑电路、显示译码器的分析与测试、数据选择器的分析与测试、用数据选择器实现组合逻辑函数、四路数显抢答器的设计与调试。

LED 彩灯的分析与调试项目主要涵盖了触发器的识别与测试、用分频器实现彩灯效果、用 555 定时器实现触发脉冲、用寄存器实现彩灯效果。

简易数字钟的分析与调试项目主要涵盖了时序逻辑电路的分析与设计、集成计数器的识别与应用、简易数字钟的设计与调试。

项目 2.1　产品质量检测仪的分析与调试

↘ 学习目标

能力目标：会识别和测试常用集成逻辑门芯片；会用集成逻辑门芯片设计对应功能的组合逻辑电路；能用逻辑门芯片设计产品质量检测仪；能调试产品质量检测仪。

知识目标：理解与、或、非这三个基本逻辑关系；掌握逻辑代数与逻辑函数的化简；掌握逻辑函数的正确表示方法；熟悉逻辑门电路的逻辑功能；掌握集成逻辑门的正确使用方法；掌握用逻辑门芯片分析设计组合逻辑电路的方法。

项目背景

为了更有效地保障产品的安全，确保用户在产品使用过程中的安全，产品出产前需要对产品质量进行检测。本项目采用组合逻辑电路来实现产品质量检测仪的设计。产品质量检测仪电路原理图如图 2.1.1 所示。

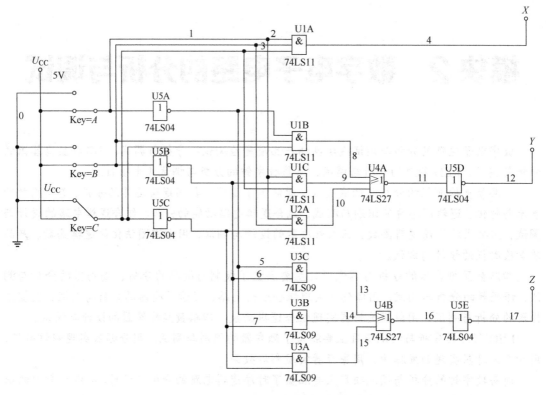

图 2.1.1　产品质量检测仪电路原理图

任务 2.1.1　逻辑代数与逻辑运算的分析

1. 逻辑代数基础

在逻辑代数中，基本的逻辑运算有与、或、非三种。

每种逻辑运算都代表一种函数关系，这种函数关系既可用逻辑符号写成逻辑表达式来描述，也可用文字来描述，还可用表格或图形来描述。

基本的逻辑关系有三种：与逻辑关系、或逻辑关系、非逻辑关系。

用于实现基本常用逻辑运算的电子电路简称门电路。例如，实现"与"运算的电路称为与逻辑门，简称与门；实现"与非"运算的电路称为与非门。

集成电路逻辑门按照其组成的有源元器件不同可分为两大类：一类是双极性晶体管逻辑门；另一类是单极性绝缘栅场效应管逻辑门。逻辑门电路是数字系统的最小单元。

数字集成电路的规模一般是根据门的数目来划分的。小规模集成电路（SSI）约有 10 个门，中规模集成电路（MSI）约有 100 个门，大规模集成电路（LSI）约有 1 万个门，而超大规模集成电路（VLSI）约有 100 万个门。

（1）逻辑变量：用 1 和 0 表示两种相反状态的变量。例如，开关闭合为 1 断开为 0，电位高为 1 低为 0，则开关变量和电位变量都是逻辑变量。

（2）逻辑代数：逻辑变量组成的表达式。

（3）逻辑函数式：逻辑变量输入输出之间的关系式。逻辑函数式也称为逻辑表达式，其

一般形式为 $Y = f(A，B，C，\cdots)$。

（4）真值表：列出输入变量的各种取值组合及其对应输出逻辑函数值的表格。

列真值表的步骤如下。

①按 n 位二进制数递增的方式列出输入变量的各种取值组合。

②分别求出各种组合对应的输出逻辑值，并填入表格中。

2. 逻辑门基础知识

1）基本逻辑门

基本逻辑门包含与门、或门、非门，如表 2.1.1 所示。

表 2.1.1　基本逻辑门

运算类型	门类型	定义	真值表			逻辑函数式	逻辑符号
与运算	与门	只有当决定一事件的所有条件全部具备时，这个事件才会发生（全 1 出 1，见 0 出 0）	A B Y 0 0 0 0 1 0 1 0 0 1 1 1			$Y = A \cdot B$ 或 $Y = AB$	
或运算	或门	在决定一事件的各条件中，只要有一个条件具备，这个事件就会发生（全 0 出 0，见 1 出 1）	A B Y 0 0 0 0 1 1 1 0 1 1 1 1			$Y = A + B$	
非运算	非门	当条件不具备时，事件才发生（见 0 出 1，见 1 出 0）	A Y 0 1 1 0				

2）复合逻辑门

复合逻辑门是指由基本逻辑门组合而成的门，常见的有与非门、或非门、异或门和同或门，如表 2.1.2 所示。

表 2.1.2　复合逻辑门

运算类型	门类型	真值表			逻辑函数式	逻辑符号
与非运算	与非门	A B Y 0 0 1 0 1 1 1 0 1 1 1 0			$Y = \overline{AB}$	

续表

运算类型	门类型	真值表	逻辑函数式	逻辑符号
或非运算	或非门	<table><tr><td>A</td><td>B</td><td>Y</td></tr><tr><td>0</td><td>0</td><td>1</td></tr><tr><td>0</td><td>1</td><td>0</td></tr><tr><td>1</td><td>0</td><td>0</td></tr><tr><td>1</td><td>1</td><td>0</td></tr></table>	$Y = \overline{A+B}$	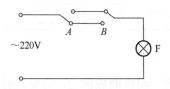
异或运算	异或门	<table><tr><td>A</td><td>B</td><td>Y</td></tr><tr><td>0</td><td>0</td><td>0</td></tr><tr><td>0</td><td>1</td><td>1</td></tr><tr><td>1</td><td>0</td><td>1</td></tr><tr><td>1</td><td>1</td><td>0</td></tr></table>	$Y = A \oplus B$ $Y = \overline{A}B + A\overline{B}$	
同或运算	同或门	<table><tr><td>A</td><td>B</td><td>Y</td></tr><tr><td>0</td><td>0</td><td>1</td></tr><tr><td>0</td><td>1</td><td>0</td></tr><tr><td>1</td><td>0</td><td>0</td></tr><tr><td>1</td><td>1</td><td>1</td></tr></table>	$Y = \overline{A \oplus B}$ $Y = \overline{A}\,\overline{B} + AB$	

2.1.1　动动脑

（1）给出如图 2.1.2 所示楼道开关电路的功能图与真值表，并结合逻辑函数的概念列出该电路的逻辑函数式，指出逻辑函数式中的逻辑变量与逻辑函数值之间的关系。

图 2.1.2　楼道开关电路

（2）试列举一个具有逻辑关系的实例，分析其因果关系，找出所有逻辑变量，说明哪些变量是自变量，哪些变量是因变量，并说明它们之间的逻辑函数关系。

（3）分别列出"与、或、非、与非、或非、异或、同或"运算的真值表、写出"与"运算的表达式，画出"与"运算的逻辑图，总结"与"运算的含义。

任务 2.1.2　逻辑函数的表示与转化

逻辑函数常用的三种表示方式分别是真值表、逻辑函数式和逻辑电路图，它们之间可以相互转化。

1. 根据逻辑函数式列出真值表

列真值表的步骤如下。

①按 n 位二进制数递增的方式列出输入变量的各种取值组合。

②分别求出各种组合对应的输出逻辑值填入表格。

例 1：列出逻辑函数式 $Y = \overline{AB + CD}$ 的真值表。

$Y = \overline{AB + CD}$ 的真值表如下。

输入变量				输出变量
A	B	C	D	Y
0	0	0	0	1
0	0	0	1	1
0	0	1	0	1
0	0	1	1	0
0	1	0	0	1
0	1	0	1	1
0	1	1	0	1
0	1	1	1	0
1	0	0	0	1
1	0	0	1	1
1	0	1	0	1
1	0	1	1	0
1	1	0	0	0
1	1	0	1	0
1	1	1	0	0
1	1	1	1	0

2. 根据真值表写出逻辑函数式

真值表转化为逻辑函数式的步骤如下。

①找出函数值（输出值）为 1 的项。

②将这些项中输入变量取值为 1 的用原变量代替，取值为 0 的用反变量代替，得到一系列与项。

③将这些与项相加即得逻辑函数式。

例 2：根据以下真值表写出对应的逻辑函数式。

A	B	C	Y
0	0	0	1
0	0	1	0
0	1	0	0
0	1	1	0
1	0	0	0
1	0	1	0
1	1	0	0
1	1	1	1

逻辑函数式为 $Y = \overline{ABC} + ABC$

3．根据逻辑函数式画出逻辑电路图

逻辑电路图：由逻辑符号及相应连线构成的电路图。

逻辑函数式转化成逻辑电路图的步骤如下。

①找出逻辑函数式中所有的逻辑运算。

②画出每个逻辑运算对应的逻辑电路图。

③根据逻辑函数式的运算关系整理各逻辑电路图的顺序。

④分析各逻辑电路图的输入输出变量，连接电路。

例 3：画出 $Y = \overline{ABC} + ABC$ 的逻辑电路图。

分析：逻辑函数式中有三种逻辑运算：3 个非运算、2 个三输入的与运算、1 个两输入的或运算，运算次序为先非后与再或，因此用三级电路实现，如图 2.1.3 所示。

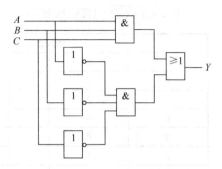

图 2.1.3　例 3 的逻辑电路图

2.1.2　动动脑

（1）列出 $Y = \overline{AB + C}$ 的真值表。

（2）根据以下真值表写出对应的逻辑函数式。

A	B	C	Y
0	0	0	0
0	0	1	1
0	1	0	0
0	1	1	0
1	0	0	0
1	0	1	1
1	1	0	0
1	1	1	0

（3）试写出 $F_1 = \overline{(A+B)\overline{C} + C\overline{D}}$ 的逻辑电路图。

提示：先找出有几个非运算，几个与运算，几个或运算，然后按照运算次序摆放好运算符号，最后连线。

（4）试写出如图 2.1.2 所示楼道开关电路的逻辑函数式。

任务 2.1.3　逻辑门芯片的识别与测试

1．双极性晶体管逻辑门和单极性 MOS 门

1）双极性晶体管逻辑门

双极性晶体管逻辑门主要包括 TTL 门（晶体管—晶体管逻辑门）、ECL 门（发射极耦合

逻辑门）和 I2L 门（集成注入逻辑门）等。使用较为广泛的是 TTL 集成门电路，它具有速度快、抗静电能力强等优点，但其功耗较大，不适宜做成大规模集成电路，目前广泛应用于中小规模集成电路。TTL 集成门电路有 74（民用）和 54（军用）两大系列，两个系列产品的参数基本相同，主要在电源电压范围和工作温度范围上有所不同，54 系列产品适应的范围更大些，54 系列产品和 74 系列产品具有相同的子系列产品，每个系列产品又有若干子系列产品。例如，74 系列产品包含如下基本子系列产品。

①74 系列：标准 TTL（Standard TTL）。

②74L 系列：低功耗 TTL（Low-Power TTL）。

③74S 系列：肖特基 TTL（Schottky TTL）。

④74AS 系列：先进肖特基 TTL（Advanced Schottky TTL）。

⑤74LS 系列：低功耗肖特基 TTL（Low-Power Schottky TTL）。

⑥74ALS 系列：先进低功耗肖特基 TTL（Advanced Low-Power Schottky TTL）。

其中 74LS 系列产品具有较佳的综合性能，是 TTL 集成门电路的主流，也是这些系列中应用最广的。不同子系列产品在速度、功耗等参数上有所不同。全部的 TTL 集成门电路都采用+5V 电源供电，逻辑电平为标准 TTL 电平。常见的 TTL 集成门电路如图 2.1.4 所示。

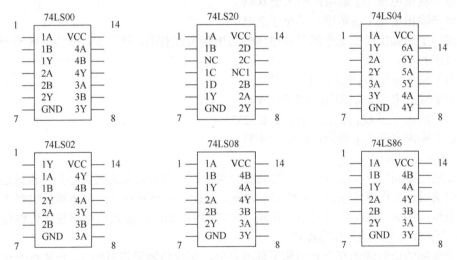

图 2.1.4　常见的 TTL 集成门电路

2）单极性 MOS 门

单极性 MOS 门主要包括 PMOS 门（P 沟道增强型 MOS 管构成的逻辑门）、NMOS 门（N 沟道增强型 MOS 管构成的逻辑门）和 CMOS 门（PMOS 管和 NMOS 管构成的互补电路构成的门电路，又称为互补 MOS 门）。使用较为广泛的是 CMOS 集成门电路。

2．集成逻辑门电路参数

这里仅从使用的角度介绍集成逻辑门电路的几个外部特性参数，希望大家对集成逻辑门电路的性能指标有概括性认识。每种集成逻辑门电路的实际参数可在具体使用时查阅有关的产品手册和说明书。

数字集成电路的性能参数主要包括直流电源电压、输入/输出逻辑电平、传输延迟时间、扇入系数和扇出系数等。

1）直流电源电压

TTL 集成门电路的标准直流电源电压为 5V，最低为 4.5V，最高为 5.5V。

CMOS 集成门电路的直流电源电压为 3V～18V，74 系列 CMOS 集成门电路有 5V 和 3.3V 两种直流电源电压。CMOS 集成门电路的一个优点是电源电压的允许范围比 TTL 集成门电路电源电压的允许范围大，如 5V CMOS 集成门电路在电源电压为 2V～6V 时能正常工作，3.3V CMOS 集成门电路在电源电压为 2V～3.6V 时能正常工作。

2）输入/输出逻辑电平

对一个 TTL 集成门电路来说，它的输出"高电平"并不是理想的+5V 电压，其输出"低电平"也并不是理想的 0V 电压。这主要是因为制造工艺上的公差使得即使是同一型号的元器件，其输出电平也不可能完全一样；另外，所带负载及环境温度等外部条件不同，输出电平也会有较大的差异。但是，这种差异应该在一定的允许范围内，否则无法正确标识出逻辑值"1"和逻辑值"0"，从而造成错误的逻辑操作。数字集成电路分别有如下四种不同的输入/输出逻辑电平。对于 TTL 电路，其对应电平范围如下。

低电平输入电压 U_{iL} 范围：0～0.8V。

高电平输入电压 U_{iH} 范围：2V～5V。

低电平输出电压 U_{oL} 范围：不大于 0.4V。

高电平输出电压 U_{oH} 范围：不小于 2.4V。

集成门电路输出高低电平的具体电压值与所接负载有关，对于 5V 的 CMOS 电路，其对应电平范围如下。

低电平输入电压 U_{iL} 范围：0～1.5V。

高电平输入电压 U_{iH} 范围：3.5V～5V。

低电平输出电压 U_{oL} 范围：不大于 0.33V。

高电平输出电压 U_{oH} 范围：不小于 4.4V。

3）传输延迟时间

在集成门电路中，在晶体管开关时间的影响下，输出与输入之间会存在传输延迟。传输延迟时间越短，工作速度越快，工作频率越高。因此，传输延迟时间是衡量门电路工作速度的重要指标。例如，在特定条件下，传输延迟时间为 10ns 的逻辑门电路要比传输延迟时间为 20ns 的逻辑门电路的工作速度快。

由于实际的信号波形有上升沿和下降沿之分，因此传输延迟时间 t_{pd} 是两种变化情况所反映的结果：一是输出从高电平转换到低电平时，输入脉冲指定参考点与输出脉冲相应参考点之间的时间，记作 t_{PHL}；另一种是输出从低电平转换到高电平时，输入脉冲指定参考点与输出脉冲相应参考点之间的时间，记作 t_{PLH}，则

$$t_{pd} = \frac{1}{2}(t_{PHL} + t_{PLH})$$

TTL 集成门电路的传输延迟时间 t_{pd} 的值为几纳秒至十几纳秒；一般 CMOS 集成门电路的传输延迟时间 t_{pd} 较长，为几十纳秒，但高速 CMOS 集成门电路的 t_{pd} 较短，只有几纳秒；ECL 集成门电路的传输延迟时间 t_{pd} 最短，有的 ECL 系列产品的 t_{pd} 不到一纳秒。

4）扇入系数和扇出系数

对于集成门电路，驱动门与负载门之间电压和电流关系实际上是电流在一个逻辑门电路的输出与另一个逻辑门电路的输入之间如何流动的描述。在高电平输出状态下，驱动门提供电流 I_{oH} 给负载门，作为负载门的输入电流 I_{iH}，这时驱动门处于"拉电流"状态。而在低电平输出状态下，驱动门处于"灌电流"状态。

扇入系数和扇出系数是反映集成门电路的输入端数目和输出驱动能力的指标。

扇入系数：一个集成门电路所能允许的输入端的最大数目。

扇出系数：一个集成门电路所能驱动的同类门电路输入端的最大数目。

扇出系数越大，集成门电路的带负载能力越强。一般来说，CMOS 集成门电路的扇出系数比 TTL 集成门电路的扇出系数大。扇出系数的计算公式为

$$扇出系数 = \frac{I_{oH}}{I_{iH}} 或 = \frac{I_{oL}}{I_{iL}}$$

从扇出系数的计算公式可以看出，扇出系数的大小由驱动门的输出端电流 I_{oL}、I_{oH} 的最大值和负载门的输入端电流 I_{iL}、I_{iH} 的最大值决定。这些电流参数已在制造商的 I_C 参数表中以某种形式给出。

5）TTL 集成门电路使用注意事项

TTL 集成门电路（OC 门、三态门除外）的输出端不允许并联使用，也不允许直接与+5V 电源或地线相连。

或门、或非门等多余输入端不能悬空，只能接地。与门、与非门等多余输入端可以进行如下处理。

①悬空：相当于接高电平。

②与其他输入端并联使用，可增加电路的可靠性。

③直接或通过电阻（100Ω～10kΩ）与电源相接，以获得高电平输入。

④严禁带电操作。

### 2.1.3　动动手

（1）在仿真软件上测试 74LS00 功能，如图 2.1.5 所示。

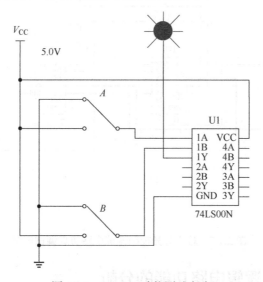

图 2.1.5　74LS00 功能测试电路

（2）模仿 74LS00 功能测试方法在仿真软件上分别测试 74LS08、74LS04 与 74LS32 的功能。74LS08、74LS04 与 74LS32 的结构图如图 2.1.6 所示。

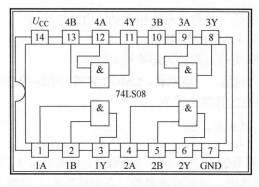
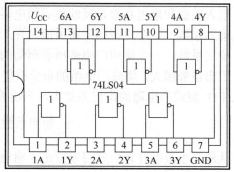

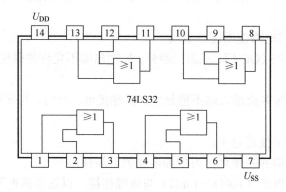

图 2.1.6　74LS08、74LS04 与 74LS32 的结构图

（3）搭建如图 2.1.7 所示的楼道灯光控制调试电路仿真调试电路并调试。

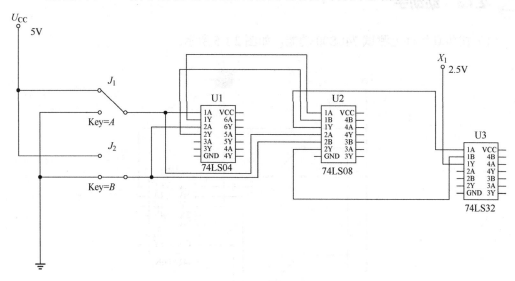

图 2.1.7　楼道灯光控制调试电路仿真调试电路

任务 2.1.4　组合逻辑电路功能的分析

组合逻辑电路是指任一时刻电路的输出都只取决于该时刻的输入而与电路原来的状态无关。描述组合逻辑电路逻辑功能的方法主要包括真值表、卡

诺图、逻辑函数式、时间图（波形图）等。常用的组合逻辑电路主要包括加法器、比较器、编码器、译码器、数据选择器、分配器和只读存储器等。

组合逻辑电路的分析步骤如图 2.1.8 所示。

图 2.1.8　组合逻辑电路的分析步骤

例 1：试分析如图 2.1.9 所示组合逻辑电路（一）的逻辑功能，并指出该电路的用途。

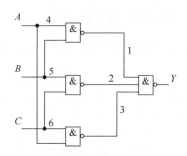

图 2.1.9　组合逻辑电路（一）

解：根据组合逻辑电路图写出逻辑函数式，即

$$Y = \overline{[(\overline{AB})(\overline{BC})(\overline{CA})]} = AB + BC + CA$$

根据逻辑函数式列出真值表如下。

A	B	C	Y
0	0	0	0
0	0	1	0
0	1	0	0
0	1	1	1
1	0	0	0
1	0	1	1
1	1	0	1
1	1	1	1

分析真值表规律，总结电路功能：当输入 A、B、C 中有 2 个或 3 个为 1 时，输出 Y 为 1，否则输出 Y 为 0。由此可见，这个电路实际是一种 3 人表决用的组合电路：只要有 2 票或 3 票同意，表决就通过。

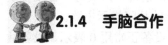

2.1.4　手脑合作

（1）分析如图 2.1.10 所示组合逻辑电路（二）的逻辑功能。

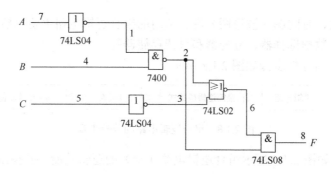

图 2.1.10　组合逻辑电路（二）

（2）分析如图 2.1.11 所示简易抢答器电路的功能并仿真调试。

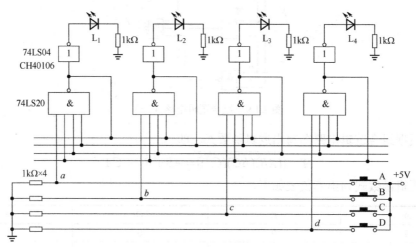

图 2.1.11　简易抢答器电路

任务 2.1.5　组合逻辑电路的设计与调试

组合逻辑电路的设计是其分析的逆过程，如图 2.1.12 所示。

图 2.1.12　组合逻辑电路的设计流程

例 2：某车间用黄色故障指示灯来显示车间内三台设备的工作情况，只要有一台设备发生故障即点亮黄色故障指示灯，用逻辑门电路实现满足这些功能的故障指示电路。

（1）列真值表：车间有 3 台设备，其输出分别为 A、B、C，设备正常用 0 表示，设备故障用 1 表示，Y 表示指示灯亮灭情况，灯灭用 0 表示，灯亮用 1 表示，真值表如下。

A	B	C	Y
0	0	0	0
0	0	1	1
0	1	0	1

续表

A	B	C	Y
0	1	1	1
1	0	0	1
1	0	1	1
1	1	0	1
1	1	1	1

（2）根据真值表写出逻辑函数式为

$$Y = \overline{\overline{\overline{A}\,\overline{B}\,\overline{C}}}$$

（3）画出电路图，如图 2.1.13 所示。

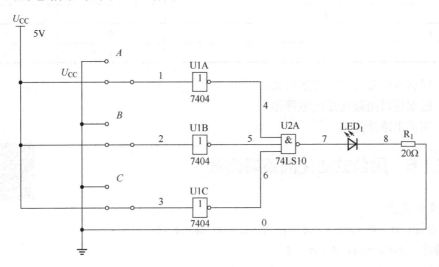

图 2.1.13　故障指示电路图

 ### 2.1.5　手脑合作

某车间用红色故障指示灯来显示车间内 4 台设备的工作情况，有 3 台设备发生故障即点亮红色故障指示灯，用逻辑门电路实现满足这些功能的故障指示电路。

（1）列真值表。

车间有 4 台设备，设备正常用 0 表示，其输出分别为 A、B、C、D，设备故障用 1 表示，Y 表示指示灯亮灭情况，灯灭用 0 表示，灯亮用 1 表示，真值表如下。

A	B	C	D	Y
0	0	0	0	0
0	0	0	1	0
0	0	1	0	0
0	0	1	1	0

续表

A	B	C	D	Y
0	1	0	0	0
0	1	0	1	0
0	1	1	0	0
0	1	1	1	1
1	0	0	0	0
1	0	0	0	0
1	0	1	0	0
1	0	1	1	1
1	1	0	0	0
1	1	0	1	1
1	1	1	0	1
1	1	1	1	1

（2）根据真值表写出逻辑函数式。

（3）根据逻辑函数式画出电路图。

（4）调试电路功能。

任务 2.1.6　用公式法化简逻辑函数

1）常用公式

0-1 定律：$0+A=A$，$1+A=1$，$1 \cdot A=A$，$0 \cdot A=0$。

重叠律：$A+A=A$，$A \cdot A=A$。

互补律：$A \cdot \bar{A}=0$，$A+\bar{A}=1$。

交换律：$A+B=B+A$，$AB=BA$。

结合律：$A+(B+C)=(A+B)+C$，$(AB)C=A(BC)$。

分配律：$A(B+C)=AB+AC$，$A+BC=(A+B)(A+C)$。

反演律：$\overline{A+B}=\bar{A}+\bar{B}$，$\overline{AB}=\bar{A}+\bar{B}$。

吸收律：$AB+A\bar{B}=A$，$A+AB=A$，$A+\bar{A}B=A+B$。

2）基本规则

①代入规则：对于任何一个含有变量 A 的等式，如果将所有出现 A 的位置都用同一个逻辑函数代替，则等式仍然成立。

例3：已知等式 $\overline{AB}=\bar{A}+\bar{B}$，用函数 $Y=AC$ 代替等式中的 A，根据代入规则，等式仍然成立，即

$$\overline{(AC)B} = \overline{AC}+\bar{B} = \bar{A}+\bar{B}+\bar{C}$$

②反演规则：对于任何一个逻辑表达式 Y，如果将表达式中的所有"·"换成"＋"，"＋"换成"·"，"0"换成"1"，"1"换成"0"，原变量换成反变量，反变量换成原变量，那么所得到的表达式就是函数 Y 的反函数（或称补函数）。

例如，$Y = A\bar{B} + C\bar{D}E \Leftrightarrow \bar{Y} = (\bar{A} + B)(\bar{C} + D + \bar{E})$。

③对偶规则：对于任何一个逻辑表达式 Y，如果将表达式中的所有"·"换成"＋"，"＋"换成"·"，"0"换成"1"，"1"换成"0"，而变量保持不变，那么可得到一个新的函数表达式 Y'，Y' 称为函数 Y 的对偶函数。

例如，$Y = A\bar{B} + C\bar{D}E \Leftrightarrow Y' = (A + \bar{B})(C + \bar{D} + E)$。

对偶规则的意义：如果两个函数相等，则它们的对偶函数也相等。利用对偶规则，可以使要证明及要记忆的公式数目减半。

注意：在运用反演规则和对偶规则时，必须按照逻辑运算的优先顺序进行，即先算括号内，接着进行与运算，然后进行或运算，最后进行非运算，否则容易出错。

3）基本方法

①并项法：运用 $A + \bar{A} = 1$ 将两项合并为一项，并消去一个变量。

例如，$Y = AB\bar{C} + A\bar{B}C = A\bar{B}$ 可化简为

$$Y = A(BC + \overline{BC}) + A(B\bar{C} + \bar{B}C) = A\overline{B \oplus C} + A(B \oplus C) = A$$

②消去法：运用 $A + \bar{A}B = A + B$ 消去多余因子。

③配项法：通过乘上 $A + \bar{A} = 1$ 或加上 $A \cdot \bar{A} = 0$ 项进行配项，然后化简。

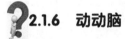 **2.1.6　动动脑**

用公式法化简如下逻辑函数。

（1）$Y = ABC + \bar{A}BC + B\bar{C}$。

（2）$Y = ABC + A\bar{B} + A\bar{C}$。

（3）$Y = \bar{A}B + \bar{A}BCD(E + F)$。

（4）$Y = A + \overline{\bar{B} + \overline{CD}} + \overline{AD\bar{B}}$。

（5）$Y = AB + \bar{A}C + \bar{B}C$。

（6）$Y = A\bar{B} + C + \bar{A}CD + B\bar{C}D$。

（7）$Y = A\bar{B} + B\bar{C} + \bar{B}C + \bar{A}B$。

（8）$Y = ABC + AB\bar{C} + A\bar{B}C + \bar{A}BC$。

（9）$Y = A\bar{B} + AC + ADE + \bar{C}D$。

（10）$Y = AB + \bar{B}C + AC(DE + FG)$。

任务 2.1.7　三人表决器的设计与调试

设计三人表决器，要求每人对应一个按键，如果同意则按下，不同意则不按，结果用指示灯表示，多数同意时指示灯亮，否则不亮。用与非门实现。

（1）指明逻辑符号，取"0""1"的含义。设有三个按键，其输出分别为 A、B、C，三个按键按下时为"1"，不按时为"0"。输出量为 Y，多数赞成时是"1"，否则是"0"。

（2）列真值表如下。

A	B	C	Y
0	0	0	0
0	0	1	0
0	1	0	0
0	1	1	1
1	0	0	0
1	0	1	1
1	1	0	1
1	1	1	1

（3）根据真值表写出逻辑函数式为

$$Y = \overline{A}BC + A\overline{B}C + AB\overline{C} + ABC$$

（4）用公式法化简逻辑函数式为

$$Y = \overline{A}BC + A\overline{B}C + AB\overline{C} + ABC$$
$$= \overline{A}BC + A\overline{B}C + AB\overline{C} + ABC + ABC + ABC$$
$$= (ABC + \overline{A}BC) + (ABC + A\overline{B}C) + (ABC + AB\overline{C})$$
$$= BC + AC + AB$$
$$= \overline{\overline{BC}\cdot\overline{AC}\cdot\overline{AB}}$$

（5）画电路图，如图 2.1.14 所示。

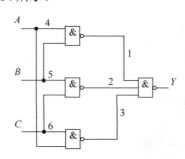

图 2.1.14　三人表决器电路图

 2.1.7　手脑合作　

有一个火灾报警系统，设有烟感、温感和紫外光感三种不同类型的火灾探测器。为了防止误报警，只有当其中两种或三种探测器发出探测信号时，报警系统才产生报警信号，试用与非门设计产生报警信号的电路。

（1）列真值表：用 A、B、C 分别表示烟感、温感和紫外光感三种传感器的状态，没有探测到信号用 0 表示，探测到信号用 1 表示，Y 表示指示灯亮灭情况，灯灭用 0 表示，灯亮用 1 表示。真值表如下。

A	B	C	Y
0	0	0	0
0	0	1	0
0	1	0	0
0	1	1	1
1	0	0	0
1	0	1	1
1	1	0	1
1	1	1	1

（2）写出逻辑函数式为

$$Y = \overline{A}BC + A\overline{B}C + AB\overline{C} + ABC$$

（3）用公式法化简表达式为

$$
\begin{aligned}
Y &= \overline{A}BC + A\overline{B}C + AB\overline{C} + ABC \\
&= \overline{A}BC + A\overline{B}C + AB\overline{C} + ABC + ABC + ABC \\
&= (ABC + \overline{A}BC) + (ABC + A\overline{B}C) + (ABC + AB\overline{C}) \\
&= BC + AC + AB \\
&= \overline{\overline{BC}\,\overline{AC}\,\overline{AB}}
\end{aligned}
$$

（4）画电路图并调试电路功能。

任务 2.1.8 用卡诺图法化简逻辑函数

逻辑函数的图形化简法：将逻辑函数用卡诺图表示，利用卡诺图化简逻辑函数。

1）逻辑函数的最小项及其性质

①最小项：如果一个函数的某个乘积项包含函数的全部变量，其中每个变量都以原变量或反变量的形式出现且仅出现一次，则这个乘积项称为该函数的一个标准积项，通常称为最小项。3 个变量 A、B、C 可组成 8 个最小项：$\overline{A}\,\overline{B}\,\overline{C}$、$\overline{A}\,\overline{B}C$、$\overline{A}B\overline{C}$、$\overline{A}BC$、$A\overline{B}\,\overline{C}$、$A\overline{B}C$、$AB\overline{C}$、$ABC$。

②最小项的表示方法：通常用符号 m_i 来表示最小项。下标 i 的确定：把最小项中的原变量记为 1，反变量记为 0，当变量顺序确定后，可以按顺序排列成一个二进制数，则与这个二进制数相对应的十进制数就是这个最小项的下标 i。3 个变量 A、B、C 的 8 个最小项可以分别表示为 $m_0 = \overline{A}\,\overline{B}\,\overline{C}$、$m_1 = \overline{A}\,\overline{B}C$、$m_2 = \overline{A}B\overline{C}$、$m_3 = \overline{A}BC$ 、$m_4 = A\overline{B}\,\overline{C}$、$m_5 = A\overline{B}C$、$m_6 = AB\overline{C}$、$m_7 = ABC$。

③最小项的性质如下。

● 任意一个最小项都只有一组变量取值使其值为 1。
● 任意两个不同的最小项的乘积必为 0。
● 全部最小项的和必为 1。

2）逻辑函数的最小项表达式

任何一个逻辑函数都可以表示成唯一的一组最小项之和，称为标准与或表达式，通常称为最小项表达式。对于不是最小项表达式的与或表达式，可利用公式 $A+\bar{A}=1$ 和 $A(B+C)=AB+BC$ 来配项展开成最小项表达式。

例如：

$$\begin{aligned}
Y &= \bar{A} + BC = \bar{A}(B+\bar{B})(C+\bar{C}) + (A+\bar{A})BC \\
&= \bar{A}BC + \bar{A}B\bar{C} + \bar{A}\bar{B}C + \bar{A}\bar{B}\bar{C} + ABC + \bar{A}BC \\
&= \bar{A}\bar{B}\bar{C} + \bar{A}\bar{B}C + \bar{A}B\bar{C} + \bar{A}BC + ABC \\
&= m_0 + m_1 + m_2 + m_3 + m_7 = \sum m(0,1,2,3,7)
\end{aligned}$$

如果列出了函数的真值表，则只要将函数值为 1 的所有最小项相加，便得到函数的最小项表达式；将真值表中函数值为 0 的最小项相加，便得到反函数的最小项表达式。例如：

A	B	C	Y	最小项
0	0	0	0	m_0
0	0	1	1	m_1
0	1	0	1	m_2
0	1	1	1	m_3
1	0	0	0	m_4
1	0	1	1	m_5
1	1	0	0	m_6
1	1	1	0	m_7

$$Y = m_1 + m_2 + m_3 + m_5 = \sum m(1,2,3,5) = \bar{A}\bar{B}C + \bar{A}B\bar{C} + \bar{A}BC + A\bar{B}C$$

3）卡诺图的构成

将逻辑函数真值表中的最小项重新排列成矩阵形式，并且使矩阵的横方向和纵方向的逻辑变量的取值按照格雷码（见表 2.1.3）的顺序排列，这样构成的图形就是卡诺图。

表 2.1.3　格雷码

十进制数	格雷码
0	0000
1	0001
2	0011
3	0010
4	0110
5	0111
6	0101
7	0100
8	1100
9	1101

二维变量、三维变量、四维变量的卡诺图分别如图 2.1.15、图 2.1.16 与图 2.1.17 所示。

图 2.1.15　二维变量的卡诺图

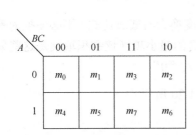

图 2.1.16　三维变量的卡诺图

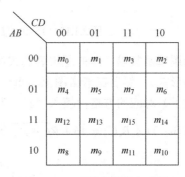

图 2.1.17　四维变量的卡诺图

4）逻辑函数在卡诺图中的表示

①逻辑函数以真值表形式给出：在卡诺图上根据真值表在相应变量取值组合的每一小方格中函数值为 1 的填上"1"，为 0 的填上"0"。

例 4：已知逻辑函数 Y 的真值表如表 2.1.4 所示，画出 Y 的卡诺图，如图 1.2.18 所示。

表 2.1.4　逻辑函数 Y 的真值表

A	B	C	Y
0	0	0	0
0	0	1	1
0	1	0	1
0	1	1	1
1	0	0	0
1	0	1	0
1	1	0	0
1	1	1	1

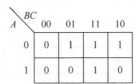

图 2.1.18　Y 的卡诺图

②在卡诺图上与给定逻辑函数最小项对应的方格内填入"1"，其余的方格内填入"0"。

例 5：试画出函数 $Y(A,B,C,D)=\sum m$（0,1,3,5,6,8,10,11,15）的卡诺图。

解：先画出四维变量卡诺图，然后在对应 m_0、m_1、m_3、m_5、m_6、m_8、m_{10}、m_{11}、m_{15} 的小方格中填入"1"，其他的小方格中填入"0"，如图 2.1.19 所示。

	CD			
AB	00	01	11	10
00	1	1	1	0
01	0	1	0	1
11	0	0	1	0
10	1	0	1	1

图 2.1.19　$Y(A,B,C,D)=\sum m$（0,1,3,5,6,8,10,11,15）的卡诺图

③逻辑函数以一般的逻辑表达式给出：先将函数变换为与或表达式（不必变换为最小项之和的形式），然后在卡诺图上与每一个乘积项所包含的最小项（该乘积项就是这些最小项的公因子）对应的方格内填入"1"，其余的方格内填入"0"。

例 6： $Y(A,B,C) = AB + B\overline{C} + \overline{AC}$ 的卡诺图如图 2.1.20 所示。

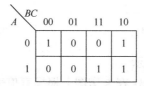

	BC			
A	00	01	11	10
0	1	0	0	1
1	0	0	1	1

图 2.1.20　$Y(A,B,C) = AB + B\overline{C} + \overline{AC}$ 的卡诺图

5）利用卡诺图化简逻辑函数

合并最小项的规律：2 个相邻小方格的最小项合并时，消去 1 个互反变量；4 个相邻小方格的最小项合并时，消去 2 个互反变量；8 个相邻小方格的最小项合并时，消去 3 个互反变量；2^n 个相邻小方格的最小项合并时，消去 n 个互反变量，n 为正整数。图 2.1.21～图 2.1.23 所示分别为相邻 2 个小方格最小项的合并、相邻 4 个小方格最小项的合并、相邻 8 个小方格最小项的合并。

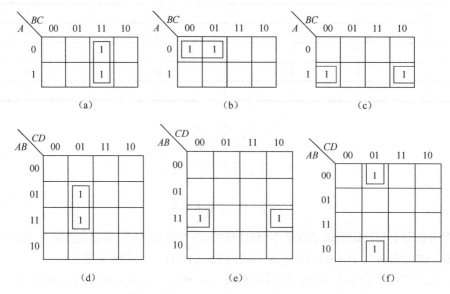

图 2.1.21　相邻 2 个小方格最小项的合并

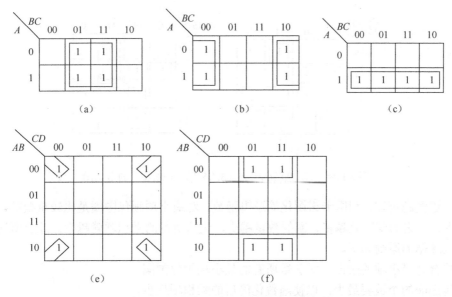

图 2.1.22 相邻 4 个小方格最小项的合并

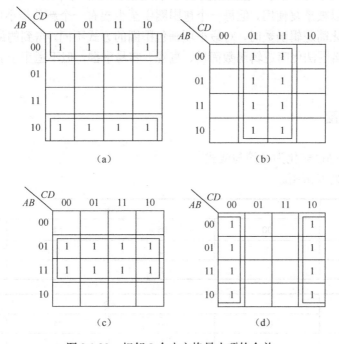

图 2.1.23 相邻 8 个小方格最小项的合并

例 7： 化简 $Y(A,B,C,D)=\sum m$ （3,4,5,7,9,13,14,15）。

首先画出 Y 的卡诺图，如图 2.1.24 所示，然后合并最小项。

图 2.1.24（a）、图 2.1.24（b）所示为两种不同的圈法，图 2.1.24（a）是最简的圈法；图 2.1.24（b）不是最简的，因为只注意对"1"画包围圈应尽可能大，但没注意复合圈的个数应尽可能少，实际上包含 4 个最小项的复合圈是多余的。最简与或式为 $Y(A,B,C,D) = \overline{A}B\overline{C} + \overline{A}CD + ABC + A\overline{C}D$ 。

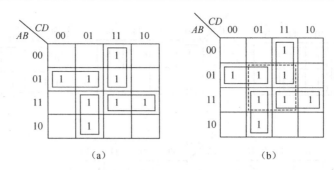

图 2.1.24　$Y(A,B,C,D)=\sum m$（3,4,5,7,9,13,14,15）的卡诺图

由上述例题可知，利用卡诺图化简逻辑函数，对最小项画包围圈是比较重要的。圈的最小项越多，消去的变量就越多；圈的数量越少，化简所得的乘积项就越少。综上所述，复合最小项应遵循的原则如下。

①按合并最小项的规律，对函数所有的最小项画包围圈。

②包围圈的个数要最少，以使函数化简后的乘积项最少。

③在一般情况下，应使每个包围圈面积尽可能大，从而使每个乘积项中变量的个数最少。

④最小项可以被重复使用，但每一个包围圈中至少要有一个新的最小项（尚未被圈过）。

在用卡诺图化简逻辑函数时，对最小项画包围圈的方式不同，得到的最简与或式往往也不同。虽然用卡诺图法化简逻辑函数简单、直观、容易掌握，但不适用于五个变量以上逻辑函数的化简。

2.1.8　动动脑

（1）将 $Y=\overline{A}+BC$ 转化为最简与或式。

（2）化简下列卡诺图。

C	AB			
	00	01	11	10
0	1	0	0	1
1	0	1	1	0

C	AB			
	00	01	11	10
0	1	1	1	1
1	0	1	1	0

CD	AB			
	00	01	11	10
00	0	1	0	0
01	0	1	1	0
11	0	1	1	0
10	0	1	0	0

CD	AB			
	00	01	11	10
00	0	1	1	0
01	1	0	0	1
11	1	0	0	1
10	0	1	1	0

CD	AB			
	00	01	11	10
00	1	0	0	1
01	0	1	1	0
11	0	1	1	0
10	1	0	0	1

CD	AB			
	00	01	11	10
00	0	0	0	0
01	1	1	1	1
11	1	1	1	1
10	0	0	0	0

CD	AB			
	00	01	11	10
00	1	0	0	1
01	1	0	0	1
11	1	0	0	1
10	1	0	0	1

CD	AB			
	00	01	11	10
00	0	1	0	0
01	0	0	0	1
11	0	0	0	1
10	0	1	0	0

（3）用卡诺图法化简以下逻辑函数。

$Y(A,B,C,D)=\sum m(1,2,5,6,7,9,13,15)$。

$Y(A,B,C,D)=\sum m(2,5,6,8,10,12,13,15)$。

任务 2.1.9　产品质量检测仪的设计与调试

某公司产品在出产质量检验时要求每件产品都安排 3 个质检员来检验，

若质检员认为产品合格，则不按按钮；若质检员认为产品不合格，则按下按钮。该公司为每件产品都设定了 3 种质量等级，分别是优质、合格、不合格。

（1）若 3 个质检员都认为这个产品合格，则此产品认定为优质产品，点亮绿色指示灯。

（2）若 3 个质检员中只有两人认为这个产品合格，则此产品认定为合格产品，点亮黄色指示灯。

（3）若 3 个质检员中只有一人认为产品合格，或者 3 个质检员都认为产品不合格，则此产品认定为不合格产品，点亮红色指示灯。

1. 任务分析

1）输入变量分析

由设计要求可知，某个产品的优质、合格或不合格完全由 3 个质检员的检验状态决定，因此 3 个质检员的检验状态是输入逻辑变量，分别用逻辑变量 A、B、C 来表示。

若某个质检员认为产品合格，则不按按钮，电路得到的输入信号是逻辑数字 1；若认为产品不合格，则按下按钮，电路得到的输入信号是逻辑数字 0。也就是说，逻辑变量 1 表示合格，逻辑变量 0 表示不合格。

2）输出变量分析

由题意可知，与 3 个质检员检验结果对应的质量等级输出有 3 种：优质、合格、不合格。也就是说，有 3 个输出逻辑变量，分别用逻辑变量 X、Y、Z 来表示，质量等级为优质时点亮绿色发光二极管，即输出变量 X 对应的绿色指示灯点亮；为合格时点亮黄色发光二极管，即输出变量 Y 对应的黄色指示灯点亮；为不合格时点亮红色发光二极管，即输出变量 Z 对应的红色指示灯点亮。

2. 根据题意列真值表

真值表如下。

A	B	C	X	Y	Z
0	0	0	0	0	1
0	0	1	0	0	1
0	1	0	0	0	1
0	1	1	0	1	0
1	0	0	0	0	1
1	0	1	0	1	0
1	1	0	0	1	0
1	1	1	1	0	0

3. 根据真值表写逻辑函数式

逻辑函数式为

$$X = ABC$$

$$Y = \overline{A}BC + A\overline{B}C + AB\overline{C}$$

$$Z = \overline{ABC} + \overline{A}B\overline{C} + A\overline{B}\,\overline{C} + \overline{A}\,\overline{B}\,\overline{C}$$

4. 用卡诺图法化简逻辑函数

C \ AB	00	01	11	10
0	1	1	0	1
1	1	0	0	0

化简得

$$Z = \overline{B}\,\overline{C} + \overline{A}\,\overline{C} + \overline{A}\,\overline{B}$$

5. 画电路图

画电路图，如图 2.1.25 所示。

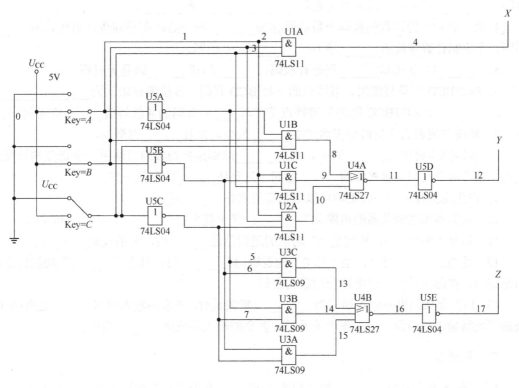

图 2.1.25　产品质量检测仪电路图

 2.1.9　手脑合作

　　某公司产品在出产质量检验时要求每件产品都安排 4 个质检员来检验，若质检员认为产品合格，则不按按钮；若质检员认为产品不合格，则按下按钮。该公司为每件产品都设定了 3 种质量等级，分别是优质、合格、不合格。

（1）若 4 个质检员都认为这个产品合格，则此产品认定为优质产品，点亮绿色指示灯。

（2）若 4 个质检员中有三人认为这个产品合格，则此产品认定为合格产品，点亮黄色指示灯。

（3）若 4 个质检员中只有两人或一人认为产品合格，或者 4 个质检员都认为产品不合格，则此产品认定为不合格产品，点亮红色指示灯。

课后自测

一、填空题

1. 在时间和数值上均连续的电信号称为_____信号；在时间和数值上都离散的信号称为_____信号。

2. 在正逻辑的约定下，"1"表示_____电平，"0"表示_____电平。

3. 在数字电路中，输入信号和输出信号之间是_____关系，所以数字电路也称为_____电路。在_____关系中，基本的关系是_____、_____和_____。

4. 用于表示各种计数制数码个数的数称为_____，同一数码在不同数位所代表的_____不同。十进制计数各位的_____是 10，_____是 10 的幂。

5. _____BCD 码和_____码是有权码；_____码和_____码是无权码。

6. 8421BCD 码是最常用、最简单的一种 BCD 代码，各位的权依次为_____、_____、_____、_____。8421BCD 码的显著特点是它与_____数码的 4 位等值_____完全相同。

7. 最简与或表达式是指在表达式中_____最少，并且_____也最少。

8. 卡诺图是将代表_____的小方格按_____原则排列构成的方块图。卡诺图的画图规则是，任意两个几何位置相邻的_____之间，只允许_____的取值不同。

9. 在化简的过程中，约束项可以根据需要看作_____或_____。

10. 具有基本逻辑关系的电路称为_____，其中基本的有_____、_____和非门。

11. 具有"相异出 1，相同出 0"功能的逻辑门是_____门，它的反是_____门。

12. 功能为"有 0 出 1、全 1 出 0"的逻辑门是_____门；具有"_____"功能的逻辑门是或门；实际中_____门电路应用最为普遍。

13. TTL 集成门电路输入端口为_____逻辑关系时，多余的输入端可_____处理；TTL 集成门电路输入端口为_____逻辑关系时，多余的输入端应接_____电平。

二、判断题

1. 当输入全为低电平"0"，输出也为"0"时，必为"与"逻辑关系。　　　　（　　）

2. 或逻辑关系是"有 0 出 0，见 1 出 1"。　　　　（　　）

3. 8421BCD 码、2421BCD 码和余 3 码都属于有权码。　　　　（　　）

4. 在二进制计数中，各位的基是 2，不同数位的权是 2 的幂。　　　　（　　）

5. 格雷码相邻两个代码之间至少有一位不同。　　　　（　　）

6. 卡诺图中为 1 的方格均表示一个逻辑函数的最小项。　　　　（　　）

7. 组合逻辑电路的输出只取决于输入信号的状态。　　　　（　　）

三、选择题

1. 逻辑函数中的逻辑"与"和它对应的逻辑代数运算关系为（　　）。
   A. 逻辑加　　　　　B. 逻辑乘　　　　　C. 逻辑非
2. 十进制数 100 对应的二进制数为（　　）。
   A. 1011110　　　B. 1100010　　　C. 1100100　　　D. 11000100
3. 数字电路中机器识别和常用的数制是（　　）。
   A. 二进制　　　　B. 八进制　　　　C. 十进制　　　　D. 十六进制
4. 具有"有 1 出 0、全 0 出 1"功能的逻辑门是（　　）。
   A. 与非门　　　　B. 或非门　　　　C. 异或门　　　　D. 同或门

四、简述题

1. 数字信号和模拟信号的最大区别是什么？数字电路和模拟电路抗干扰能力较强的是哪一种？
2. 何谓数制？何谓码制？在我们所介绍范围内，哪些属于有权码？哪些属于无权码？
3. 简述用卡诺图化简逻辑函数的原则和步骤。
4. 何谓逻辑门？何谓组合逻辑电路？组合逻辑电路的特点是什么？
5. 分析组合逻辑电路的目的是什么？简述分析步骤。

项目 2.2　四路数显抢答器的分析与调试

📥 学习目标

能力目标：会识别和测试常用集成组合逻辑运算芯片；会用集成组合逻辑运算芯片设计相应功能的组合逻辑电路；能用编码器、译码器、数据选择器等组合逻辑运算芯片设计四路数显抢答器。

知识目标：了解数制与编码基础知识；理解常用编码器、译码器、数据选择器的原理与功能；掌握 8-3 线优先编码器 74LS148、10-4 线优先编码器 74LS147、通用译码器 74LS138、显示译码器 74LS48，以及数据选择器 74LS151 和 74LS153 的逻辑功能与使用方法；掌握数码显示管的使用方法。

⚙️ 项目背景

抢答器在各类抢答竞赛中应用广泛。抢答器有灯光指示型、声音提示型、数字显示提示型等类型，其中数字显示提示型的抢答器更能公正、准确、直观地判断出抢答成功对象的相关序号。图 2.2.1 所示为实际生产的数显抢答器，也是实际抢答竞赛中常用的抢答器，通常单片机为其核心。为了符合本课程的教学内容，课程教学团队根据实际数显抢答器的功能设计了一款仿真的四路数显抢答器，其电路原理图如图 2.2.2 所示。

图 2.2.1　实际生产的数显抢答器

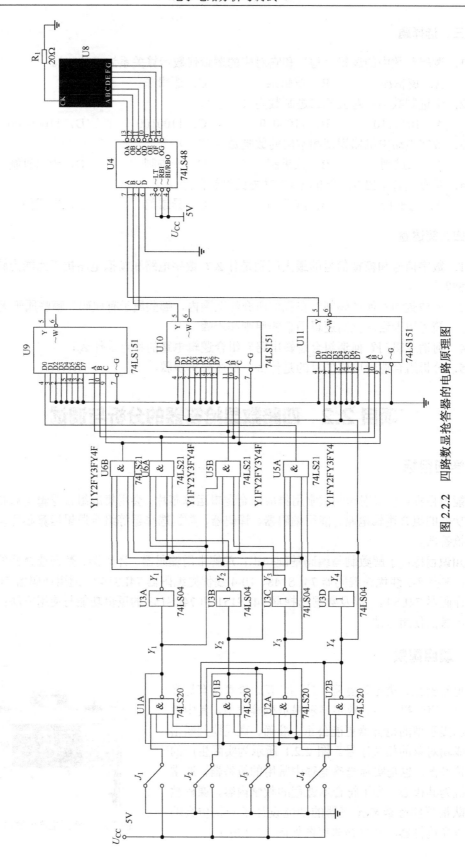

图 2.2.2 四路数显抢答器的电路原理图

任务 2.2.1　数制与编码的分析

1. 数制

1）十进制数

数码为 0～9，基数是 10。

运算规律：逢十进一，即 9+1=10。

十进制数的权展开式：任意一个十进制数都可以表示为各个数位上的数码与其对应权的乘积之和。例如：

$$(6666)_{10}=6\times10^3+6\times10^2+6\times10^1+6\times10^0$$

式中，10^3、10^2、10^1、10^0 称为十进制的权，各数位的权是 10 的幂。

2）二进制数

数码为 0、1，基数是 2。

运算规律：逢二进一，即 1+1=10。

二进制数的权展开式：各数位的权是 2 的幂。例如：

$$(111.11)_2=1\times22+1\times21+1\times20+1\times2-1+1\times2-2=(7.75)_{10}$$

运算规则如下。

加法规则：0+0=0，0+1=1，1+0=1，1+1=10。

乘法规则：$0\cdot0=0$，$0\cdot1=0$，$1\cdot0=0$，$1\cdot1=1$。

3）八进制数

数码为 0～7，基数是 8。

运算规律：逢八进一，即 7+1=10。

八进制数的权展开式：各数位的权是 8 的幂。例如：

$$(710.01)_8=7\times82+1\times81+0\times80+0\times8-1+1\times8-2=(456.0625)_{10}$$

4）十六进制数

数码为 0～9 和 A～F，基数是 16。

运算规律：逢十六进一，即 F+1=10。

十六进制数的权展开式：各数位的权是 16 的幂。例如：

$$(D8.A)_{16}=13\times161+8\times160+10\times161=(216.625)_{10}$$

5）十进制数转换为二进制数

将整数部分和小数部分分别进行转换。整数部分基数连续除以 2 直至商为 0，然后反向取余；小数部分基数连续乘以 2 直至余数为零，然后正向取整，转换后再合并。例如，$(6.375)_{10}$ 转换为二进制数为

整数部分

```
2  6       余数        低位
2  3 …… 0=K₀          ↑
2  1 …… 1=K₁
2  0 …… 1=K₂
                       高位
```

$$K_0, K_1, K_2$$

所以 $(6.375)_{10}=(110.011)_2$

小数部分

```
0.375
×  2        整数        高位
0.750 …… 0=K₋₁          ↑
0.750
×  2
1.500 …… 1=K₋₂
0.500
×  2                    ↓
1.000 …… 1=K₋₃         低位
```

6）不同进制数之间的转换

二进制数转换为八进制数：将二进制数整数部分左移，小数部分右移，每 3 位分成一组，不够 3 位补零，则每组二进制数便是一位八进制数。例如：

$$(001\ 110\ 111.101)_2=(167.5)_8$$

八进制数转换为二进制数：将每位八进制数用 3 位二进制数表示。例如：

$$(374.26)_8= (011\quad 111\quad 100\ .\ 010\quad 110)_2$$

二进制数与十六进制数的相互转换：按照每 4 位二进制数对应 1 位十六进制数进行转换。例如：

$$(0111\ 011.1010)_2 =(77.A)_{16}$$
$$(AF4.76)_{16}=(1010\quad 1111\quad 0100\ .0111\quad 0110)_2$$

2. 编码

用一定位数的二进制数来表示十进制数码、字母、符号等信息称为编码。表示十进制数码、字母、符号等信息一定位数的二进制数称为代码。

二—十进制代码：用 4 位二进制数 $b_3b_2b_1b_0$ 来表示十进制数 0～9 中的 10 个数码，简称 BCD 码。各位权值依次为 8、4、2、1 的 BCD 码称为 8421 码。权值依次为 2、4、2、1 的 BCD 码称为 2421 码；余 3 码由 8421 码加 0011 得到；格雷码是一种循环码，其特点是任何相邻的两个码字都只有一位代码不同，其他位相同。表 2.2.1 为常用 BCD 码。

表 2.2.1　常用 BCD 码

十进制数	8421 码	余 3 码	格雷码	2421 码	5421 码
0	0000	0011	0000	0000	0000
1	0001	0100	0001	0001	0001
2	0010	0101	0011	0010	0010
3	0011	0110	0010	0011	0011
4	0100	0111	0110	0100	0100
5	0101	1000	0111	1011	1000
6	0110	1001	0101	1100	1001
7	0111	1010	0100	1101	1010
8	1000	1011	1100	1110	1011
9	1001	1100	1101	1111	1100
权	8421			2421	5421

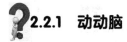 ### 2.2.1　动动脑

（1）将二进制数 $(101.01)_2$、八进制数 $(207.04)_8$、十六进制数 $(D8.A)_{16}$ 按权展开。

（2）分别将十进制数 $(44.375)_{10}$、$(781.243)_{10}$ 转化为二进制数，写出转化过程。

（3）分别将二进制数 $(11011.0101)_2$、八进制数 $(22170101.10102541)_8$、十六进制数 $(2CD5.97F)_{16}$ 转换成十进制数。

（4）说明各进制数之间相互转换的方法，并分别将二进制数$(10101)_2$转换成十进制数；将二进制数$(11100101.11101011)_2$转换成八进制数；将十六进制数$(3BE5.97D)_{16}$转换成二进制数；将二进制数$(11100101.11101011)_2$转换成十六进制数。

任务 2.2.2　编码器的分析与测试

1. 编码器

实现编码的逻辑电路称为编码器。编码器分为普通编码器和优先编码器两类。

1）普通 8-3 线编码器

这种编码器在任何时刻只允许输入一个有效编码请求信号，否则输出将发生混乱。例如，普通三位二进制编码器输入的是 $I_0 \sim I_7$ 这 8 个高电平信号，输出的是 3 位二进制代码 $Y_2Y_1Y_0$，因此也称为 8-3 线普通编码器。这种编码器的特点是，$I_0 \sim I_7$ 当中只允许一个输入变量有效，即取值为 1（高电平有效）。普通 8-3 线编码器方框图如图 2.2.3 所示。

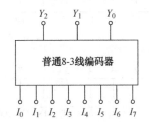

图 2.2.3　普通 8-3 线编码器方框图

设"1"表示对输入进行编码，则普通 8-3 线编码器的真值表如表 2.2.2 所示。

表 2.2.2　普通 8-3 线编码器的真值表

I_0	I_1	I_2	I_3	I_4	I_5	I_6	I_7	Y_2	Y_1	Y_0
1	0	0	0	0	0	0	0	0	0	0
0	1	0	0	0	0	0	0	0	0	1
0	0	1	0	0	0	0	0	0	1	0
0	0	0	1	0	0	0	0	0	1	1
0	0	0	0	1	0	0	0	1	0	0
0	0	0	0	0	1	0	0	1	0	1
0	0	0	0	0	0	1	0	1	1	0
0	0	0	0	0	0	0	1	1	1	1

普通 8-3 线编码器真值表对应的逻辑表达式为

$$Y_2 = I_4 + I_5 + I_6 + I_7 = \overline{\overline{I_4}\,\overline{I_5}\,\overline{I_6}\,\overline{I_7}}$$

$$Y_1 = I_2 + I_3 + I_6 + I_7 = \overline{\overline{I_2}\,\overline{I_3}\,\overline{I_6}\,\overline{I_7}}$$

$$Y_0 = I_1 + I_3 + I_5 + I_7 = \overline{\overline{I_1}\,\overline{I_3}\,\overline{I_5}\,\overline{I_7}}$$

普通 8-3 线编码器逻辑电路图如图 2.2.4 所示。

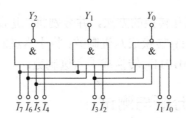

图 2.2.4　普通 8-3 线编码器逻辑电路图

2）8-3 线优先编码器

在优先编码器中，允许同时输入两个以上的有效编码请求信号。当几个输入信号同时出现时，只对其中优先级最高的一个进行编码。优先级的高低由设计者根据输入信号的轻重缓急情况而定。例如，对于集成三位二进制优先编码器 74LS148，I_7 的优先级别最高，I_6 次之，依次类推，I_0 最低。74LS148 的引脚排列图和真值表（功能表）分别如图 2.2.5 和表 2.2.3 所示。

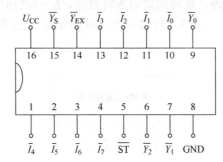

图 2.2.5　74LS148 引脚排列图

表 2.2.3　74LS148 的真值表（功能表）

输入									输出				
$\overline{ST}$	$\overline{I_7}$	$\overline{I_6}$	$\overline{I_5}$	$\overline{I_4}$	$\overline{I_3}$	$\overline{I_2}$	$\overline{I_1}$	$\overline{I_0}$	$\overline{Y_2}$	$\overline{Y_1}$	$\overline{Y_0}$	$\overline{Y_{EX}}$	$\overline{Y_S}$
1	×	×	×	×	×	×	×	×	1	1	1	1	1
0	1	1	1	1	1	1	1	1	1	1	1	1	0
0	0	×	×	×	×	×	×	×	0	0	0	0	1
0	1	0	×	×	×	×	×	×	0	0	1	0	1
0	1	1	0	×	×	×	×	×	0	1	0	0	1
0	1	1	1	0	×	×	×	×	0	1	1	0	1
0	1	1	1	1	0	×	×	×	1	0	0	0	1
0	1	1	1	1	1	0	×	×	1	0	1	0	1
0	1	1	1	1	1	1	0	×	1	1	0	0	1
0	1	1	1	1	1	1	1	0	1	1	1	0	1

74LS148 的逻辑功能描述如下。

①编码输入端：逻辑符号输入端上面均有"—"号，这表示编码输入低电平有效。

②编码输出端：从表 2.2.3 中可以看出，74LS148 编码输出的是反码。

③选通输入端：只有在 $\overline{ST}=0$ 时，编码器才处于工作状态；而在 $\overline{ST}=1$ 时，编码器处于禁止状态，所有输出端均被封锁为高电平。

④$\overline{Y_S}$为使能输出端，通常接至低位芯片一端。$\overline{Y_S}$和$\overline{ST}$配合可以实现多级编码器之间优先级别的控制，$\overline{Y_S}=0$表示编码，但没有有效编码请求。$\overline{Y_{EX}}$为扩展输出端，$\overline{Y_{EX}}=0$表示有效的编码输出；$\overline{Y_{EX}}=1$表示电路虽处于工作状态，但没有输入编码信号。

3）10-4 线优先编码器

10-4 线优先编码器 74LS147：输入 10 个互斥的数码，输出 4 位二进制代码，把$\overline{I_0}\sim\overline{I_9}$的 10 种状态分别编码成 10 个 BCD 码。其中$\overline{I_9}$的优先级最高，$\overline{I_0}$的优先级最低。输入逻辑 0（低电平）有效，反码输出。74LS147 的引脚排列图和真值表（功能表）分别如图 2.2.6 和表 2.2.4 所示。

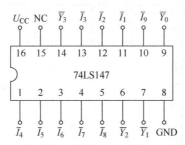

图 2.2.6　74LS147 的引脚排列图

表 2.2.4　74LS147 的真值表（功能表）

输入										输出			
$\overline{I_0}$	$\overline{I_1}$	$\overline{I_2}$	$\overline{I_4}$	$\overline{I_5}$	$\overline{I_6}$	$\overline{I_7}$	$\overline{I_7}$	$\overline{I_8}$	$\overline{I_9}$	$\overline{Y_3}$	$\overline{Y_2}$	$\overline{Y_1}$	$\overline{Y_0}$
×	×	×	×	×	×	×	×	×	0	0	1	1	0
×	×	×	×	×	×	×	×	0	1	0	1	1	1
×	×	×	×	×	×	×	0	1	1	1	0	0	0
×	×	×	×	×	×	0	1	1	1	1	0	0	1
×	×	×	×	×	0	1	1	1	1	1	0	1	0
×	×	×	×	0	1	1	1	1	1	1	0	1	1
×	×	×	0	1	1	1	1	1	1	1	0	0	0
×	×	0	1	1	1	1	1	1	1	1	0	0	1
×	0	1	1	1	1	1	1	1	1	1	0	1	0
0	1	1	1	1	1	1	1	1	1	1	0	1	1

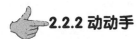 **2.2.2 动动手**

（1）在 Multisim 10 仿真软件中搭建 74LS148 逻辑功能的仿真测试电路图，如图 2.2.7 所示，结合 74LS148 的真值表测试 74LS148 的逻辑功能。

（2）在 Multisim 10 仿真软件中搭建 74LS147 逻辑功能的仿真测试电路图，如图 2.2.8 所示，结合 74LS147 的真值表测试 74LS147 的逻辑功能。

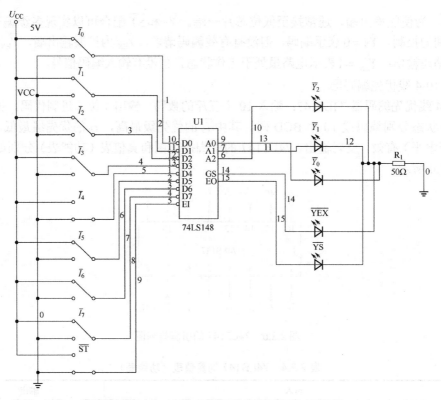

图 2.2.7　74LS148 逻辑功能的仿真测试电路图

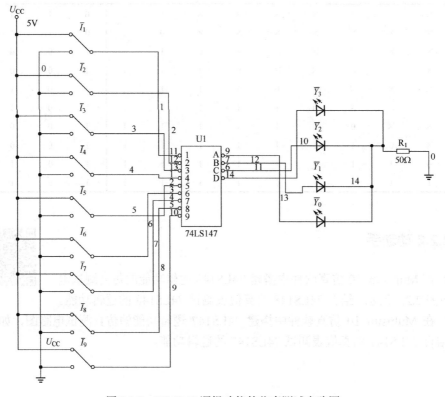

图 2.2.8　74LS147 逻辑功能的仿真测试电路图

任务 2.2.3　译码器的分析与测试

将具有特定含义的二进制代码变换（翻译）成一定的输出信号，以表示二进制代码的原意，这一过程称为译码。

译码是编码的逆过程，即将某个二进制代码翻译成电路的某种状态。实现译码功能的组合电路称为译码器。

常用的译码器有二进制译码器、二—十进制译码器、显示译码器三类。

1．二进制译码器

二进制译码器可实现输入 n 位二进制代码，输出 $2n$ 种不同的组合状态，如 2-4 线译码器 74LS139、3-8 线译码器 74LS138 和 4-16 线译码器 74LS154。

下面以 3-8 线译码器 74LS138 为例进行介绍，图 2.2.9 所示为其引脚排列图。

其中 A_2、A_1、A_0 为地址输入端，$\overline{Y}_0 \sim \overline{Y}_7$ 为译码输出端，S_1、$\overline{S}_2$、$\overline{S}_3$ 为使能端。74LS138 真值表（功能表）如表 2.2.5 所示。

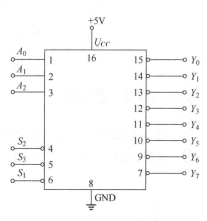

图 2.2.9　74LS138 引脚排列图

表 2.2.5　74LS138 真值表（功能表）

输　入					输　出							
S_1	$\overline{S}_2 + \overline{S}_3$	A_2	A_1	A_0	$\overline{Y}_0$	$\overline{Y}_1$	$\overline{Y}_2$	$\overline{Y}_3$	$\overline{Y}_4$	$\overline{Y}_5$	$\overline{Y}_6$	$\overline{Y}_7$
1	0	0	0	0	0	1	1	1	1	1	1	1
1	0	0	0	1	1	0	1	1	1	1	1	1
1	0	0	1	0	1	1	0	1	1	1	1	1
1	0	0	1	1	1	1	1	0	1	1	1	1
1	0	1	0	0	1	1	1	1	0	1	1	1
1	0	1	0	1	1	1	1	1	1	0	1	1
1	0	1	1	0	1	1	1	1	1	1	0	1
1	0	1	1	1	1	1	1	1	1	1	1	0
0	×	×	×	×	1	1	1	1	1	1	1	1
×	1	×	×	×	1	1	1	1	1	1	1	1

当 $S_1 = 1$，$\overline{S}_2 + \overline{S}_3 = 0$ 时，译码器处于工作状态，地址码所指定的输出端有信号（为 0）输出，其他所有输出端均无信号（全为 1）输出。当 $S_1 = 0$ 且 $\overline{S}_2 + \overline{S}_3 = X$，或者 $S_1 = X$ 且 $\overline{S}_2 + \overline{S}_3 = 1$ 时，译码器被禁止，所有输出同时为 1。

2．4-10 线 BCD 译码器

4-10 线 BCD 译码器输入的是十进制数的 4 位二进制编码（BCD 码），分别用 A_3、A_2、A_1、A_0 表示；输出的是与 10 个十进制数相对应的 10 个信号，用 $Y_9 \sim Y_0$ 表示。这样的译码

器有 4 根输入线，10 根输出线，这也是其名称由来原因。74LS42 就是 4-10 线 BCD 译码器，它的引脚排列图与逻辑功能示意图如图 2.2.10 所示。

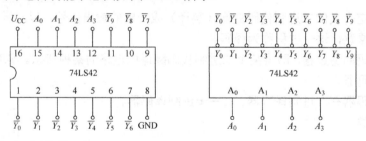

图 2.2.10 74LS42 的引脚排列图与逻辑功能示意图

2.2.3 动动手

（1）在 Multisim 10 仿真软件中搭建 74LS138 逻辑功能的仿真测试电路图，如图 2.2.11 所示，结合 74LS138 的真值表测试 74LS138 的逻辑功能。

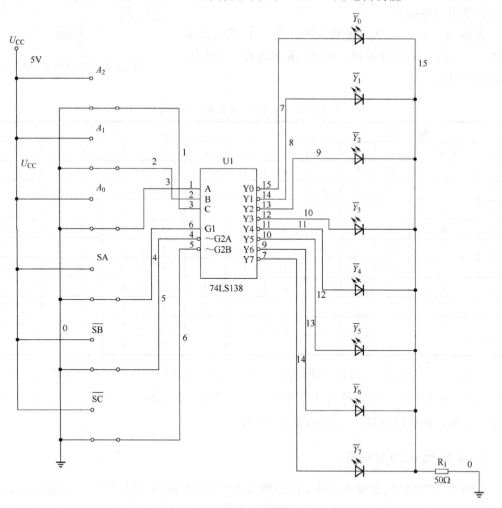

图 2.2.11 74LS138 逻辑功能的仿真测试电路图

（2）在 Multisim 10 仿真软件中搭建 74LS42 逻辑功能的仿真测试电路图，如图 2.2.12 所示，将仿真测试结果填入表 2.2.6 的对应位置，根据测试结果总结 74LS42 的逻辑功能。

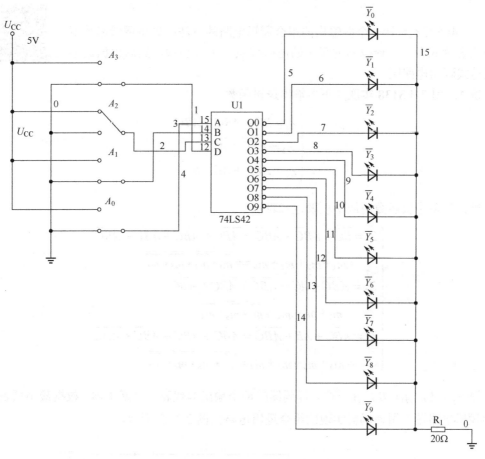

图 2.2.12   74LS42 逻辑功能的仿真测试电路图

表 2.2.6   74LS42 的真值表（功能表）

十进制	输入				输出									
	A_3	A_2	A_1	A_0	$\overline{Y_0}$	$\overline{Y_1}$	$\overline{Y_2}$	$\overline{Y_3}$	$\overline{Y_4}$	$\overline{Y_5}$	$\overline{Y_6}$	$\overline{Y_7}$	$\overline{Y_8}$	$\overline{Y_9}$
0	0	0	0	0										
1	0	0	0	1										
2	0	0	1	0										
3	0	0	1	1										
4	0	1	0	0										
5	0	1	0	1										
6	0	1	1	0										
7	0	1	1	1										
8	1	0	0	0										
9	1	0	0	1										

任务 2.2.4 用译码器实现组合逻辑电路

用 74LS138 设计一个多输出的组合逻辑电路的方法：先将逻辑函数用最小项表达式表示，译码器的每个输出即代表一个最小项，然后根据最小项表达式画出电路图。

例 1：用 74LS138 实现如下多输出逻辑函数。

$$\begin{cases} Z_1 = \overline{B}C + A\overline{B}\overline{C} + \overline{A}B\overline{C} \\ Z_2 = A\overline{B}\overline{C} + \overline{A}C \\ Z_3 = \overline{A}\overline{B}\overline{C} + AB + \overline{B}\overline{C} \end{cases}$$

解：先将逻辑函数用最小项表达式表示

$$\begin{cases} Z_1 = \overline{B}C + A\overline{B}\overline{C} + \overline{A}B\overline{C} = \overline{A}\overline{B}C + A\overline{B}C + A\overline{B}\overline{C} + \overline{A}B\overline{C} \\ \quad = m_1 + m_2 + m_5 + m_6 = \overline{\overline{m_1} \cdot \overline{m_2} \cdot \overline{m_5} \cdot \overline{m_6}} \\ Z_2 = A\overline{B}\overline{C} + \overline{A}C = A\overline{B}\overline{C} + \overline{A}\overline{B}C + \overline{A}BC \\ \quad = m_1 + m_3 + m_4 = \overline{\overline{m_1} \cdot \overline{m_3} \cdot \overline{m_4}} \\ Z_3 = \overline{A}\overline{B}\overline{C} + AB + \overline{B}\overline{C} = \overline{A}\overline{B}\overline{C} + ABC + AB\overline{C} + \overline{A}B\overline{C} \\ \quad = m_0 + m_5 + m_6 + m_7 = \overline{\overline{m_0} \cdot \overline{m_5} \cdot \overline{m_6} \cdot \overline{m_7}} \end{cases}$$

设 $A_2 = A$，$A_1 = B$，$A_0 = C$，译码器的每个输出即代表一个最小项，根据最小项表达式画出逻辑电路图。用译码器实现的组合逻辑电路如图 2.2.13 所示。

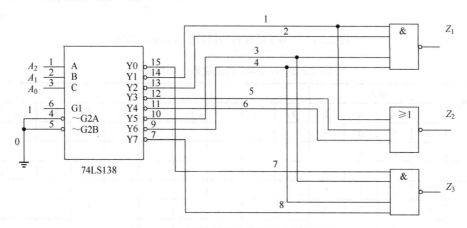

图 2.2.13　用译码器实现的组合逻辑电路

例 2：用 74LS138 设计车间设备故障报警电路：用黄色故障指示灯来显示车间内三台设备的工作情况，只要有一台设备发生故障即点亮黄色故障指示灯予以报警。用 74LS138 实现满足上述功能的故障报警电路。

设计步骤如下。

（1）列真值表：车间有三台设备，1 号设备信号为 A，2 号设备信号为 B，3 号设备信号为 C，设备正常用 0 表示，设备发生故障用 1 表示，Y 表示指示灯亮灭情况，灯灭用 0 表示，灯亮用 1 表示。真值表如下。

A	B	C	Y
0	0	0	0
0	0	1	1
0	1	0	1
0	1	1	1
1	0	0	1
1	0	1	1
1	1	0	1
1	1	1	1

（2）根据真值表写出逻辑函数式并化简，即

$$Y = \overline{\overline{\overline{ABC}}} = \overline{\overline{Y_0}}$$

（3）根据逻辑函数式画出电路图，如图 2.2.14 所示。

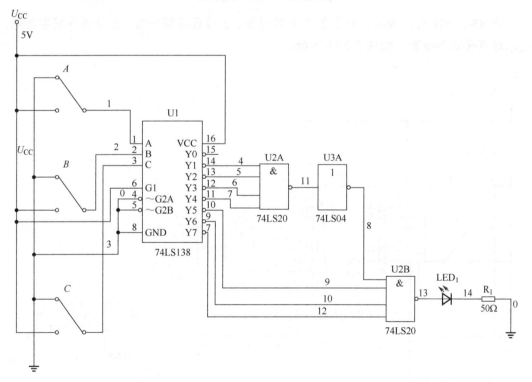

图 2.2.14　故障报警电路图

（4）对照真值表调试故障报警电路。

当 $ABC=000$ 时，表示三台设备都正常，指示灯熄灭不报警，如图 2.2.15 所示。

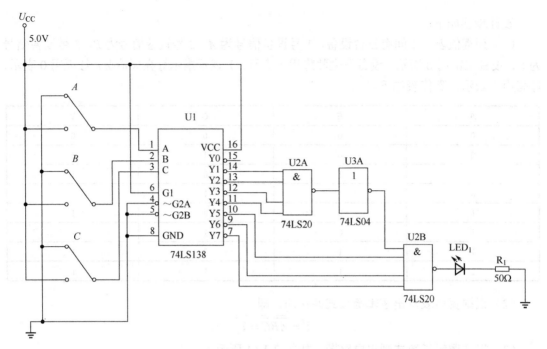

图 2.2.15　三台设备都完好

当 *ABC*=001 时，表示三台设备中 1 号设备、2 号设备都正常，3 号设备发生故障，指示灯点亮启动报警，如图 2.2.16 所示。

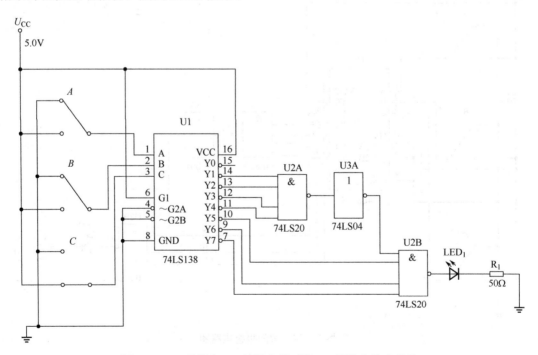

图 2.2.16　1 号设备、2 号设备都正常，3 号设备发生故障

当 *ABC*=010 时，表示三台设备中 1 号设备、3 号设备都正常，2 号设备发生故障，指示灯点亮启动报警，如图 2.2.17 所示。

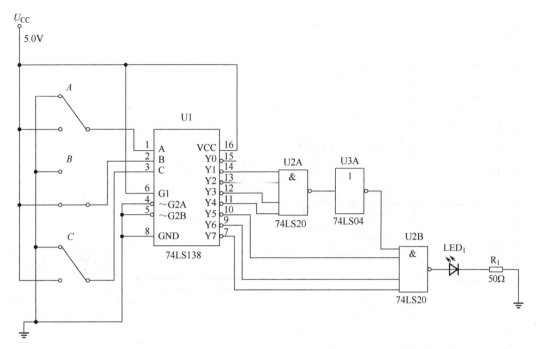

图 2.2.17　1 号设备、3 号设备都正常，2 号设备发生故障

当 ABC=100 时，表示三台设备中 2 号设备、3 号设备都正常，1 号设备发生故障，指示灯点亮启动报警，如图 2.2.18 所示。

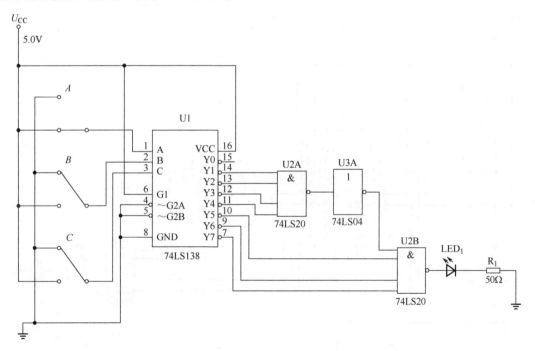

图 2.2.18　2 号设备、3 号设备都正常，1 号设备发生故障

当 ABC=011 时，表示三台设备中 1 号设备正常，2 号设备、3 号设备发生故障，指示灯点亮启动报警，如图 2.2.19 所示。

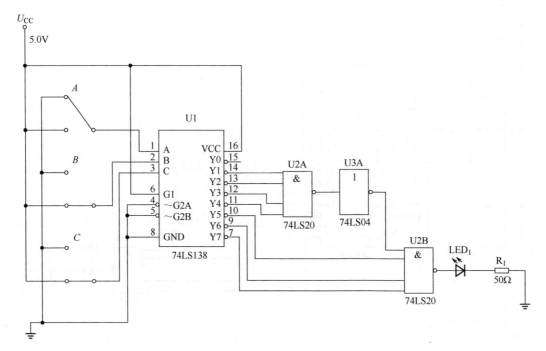

图 2.2.19　1 号设备正常，2 号设备、3 号设备发生故障

当 *ABC*=101 时，表示三台设备中 2 号设备正常，1 号设备、3 号设备发生故障，指示灯点亮启动报警，如图 2.2.20 所示。

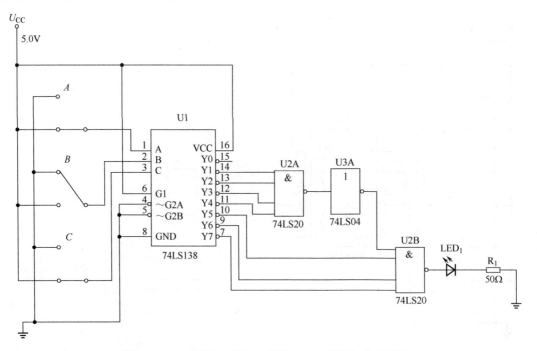

图 2.2.20　2 号设备正常，1 号设备、3 号设备发生故障

当 *ABC*=110 时，表示三台设备中 3 号设备正常，1 号设备、2 号设备发生故障，指示灯点亮启动报警，如图 2.2.21 所示。

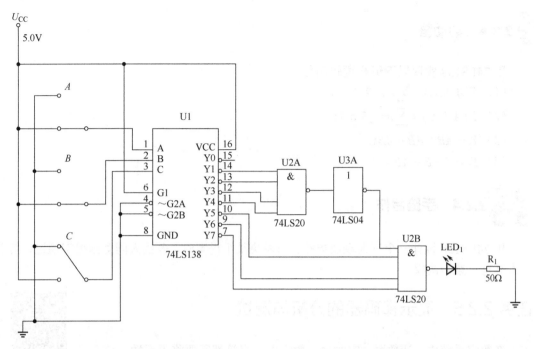

图 2.2.21　3 号设备正常，1 号设备、2 号设备发生故障

当 *ABC*=111 时，表示三台设备都发生故障，指示灯点亮启动报警，如图 2.2.22 所示。

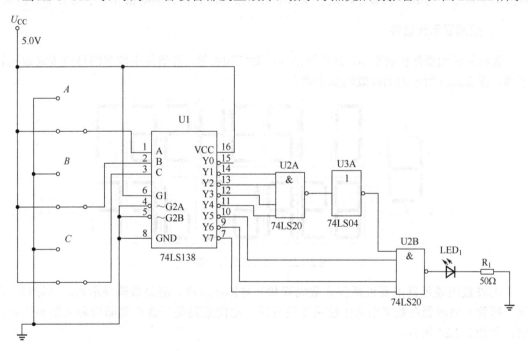

图 2.2.22　三台设备都发生故障

（5）总结：调试结果与设计要求完全吻合。

2.2.4　动动脑

用 74LS138 实现以下组合逻辑函数。

（1）$S(A,B,C) = \sum m(1,2,4,7)$。

（2）$F(A,B,C) = \sum m(3,5,6,7)$。

（3）$Y_1 = AB + A\overline{B} + ABC$。

（4）$Y_2 = A + B + AB$。

2.2.4　手脑合作

用 74LS138 设计一个三人表决电路。当表决某个提案时，多数人同意则提案通过，其中一人具有一票否决权。

任务 2.2.5　显示译码器的分析与测试

在数字系统中，计数器、定时器、数字电压表等都需要将表示数字信息的二进制数用人们日常生活中采用的十进制数显示出来，以便查看。因此，数字显示电路是许多数字设备不可缺少的部分。数字显示电路通常由译码器、驱动器和显示器等部分组成。

1. 数码显示元器件

数码显示元器件种类繁多，其作用是显示数字和符号，目前使用较多的是分段式数码显示器。图 2.2.23 所示为七段数码显示器。

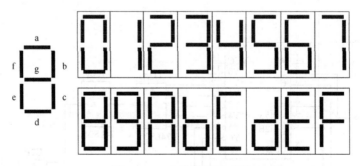

图 2.2.23　七段数码显示器

七段数码显示器主要包括荧光数码管和半导体显示器、液晶数码显示器。半导体（发光二极管）显示器在数字电路中使用比较方便。七段数码显示器有共阳极和共阴极两种接法，如图 2.2.24 所示。

2. BCD 码七段显示译码器

LED 数码管要显示 BCD 码所表示的十进制数就需要有一个专门的译码器，该译码器不但要完成译码功能，还要有一定的驱动能力。此类译码器有 74LS47（共阳极）、74LS48（共阴极）、CC4511（共阴极）等。BCD 码七段显示译码器驱动数码显示管过程如图 2.2.25 所示。

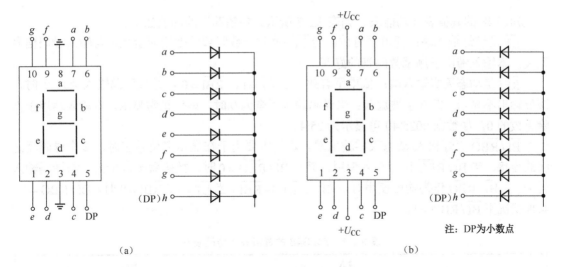

（a）　　　　　　　　　　　　　　　　（b）

图 2.2.24　七段数码显示器的两种接法

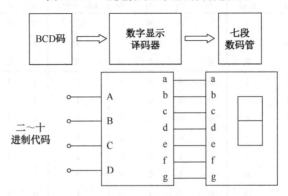

图 2.2.25　BCD 码七段显示译码器驱动数码显示管过程

（1）74LS48。

74LS48 能驱动共阴极七段数码管正常工作，其引脚排列图如图 2.2.26 所示。其中，$A_3 \sim A_0$ 是 8421BCD 输入端，a、b、c、d、e、f、g 是七段输出端，$\overline{LT}$、$\overline{RBI}$、$\overline{BI}/\overline{RBO}$ 是附加控制端，用于扩展电路功能。

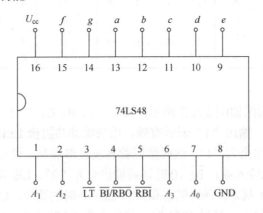

图 2.2.26　74LS48 的引脚排列图

74LS48 的真值表（功能表）如表 2.2.7 所示。各辅助端的功能如下。

$\overline{LT}$ 是试灯输入端：低电平有效，当 $\overline{LT}=0$ 时，数码管的七段应全亮，与输入译码信号无关，本输入端用于测试数码管的好坏。

$\overline{RBI}$ 是动态灭零输入端：低电平有效，当 $\overline{LT}=1$，$\overline{RBI}=0$，并且译码输入全为 0 时，该位输出不显示，即 0 字被熄灭；当译码输入不全为 0 时，该位正常显示。本输入端用于消除无效的 0，如数据 0025.40 可显示为 25.4。

$\overline{BI}/\overline{RBO}$ 灭灯输入/动态灭零输出端。本端主要用于在显示多位数字时，多个译码器之间的连接。当 $\overline{BI}/\overline{RBO}$ 作为输入使用，并且 $\overline{BI}/\overline{RBO}=0$ 时，数码管七段全灭，与译码输入无关；当 $\overline{BI}/\overline{RBO}$ 作为输出使用时，受控于 $\overline{LT}$ 和 $\overline{RBI}$，当 $\overline{LT}=1$，$\overline{RBI}=0$ 时，$\overline{BI}/\overline{RBO}=0$，其他情况下 $\overline{BI}/\overline{RBO}=1$。

表 2.2.7　74LS48 的真值表（功能表）

功能或十进制数	输入						输出						
	$\overline{LT}$	$\overline{RBI}$	A_3	A_2	A_1	A_0	$\overline{BI}/\overline{RBO}$	a	b	c	d	e	f	g
$\overline{BI}/\overline{RBO}$（灭灯）	×	×	×	×	×	×	0（输入）	0	0	0	0	0	0	0
$\overline{LT}$（试灯）	0	×	×	×	×	×	1	1	1	1	1	1	1	1
$\overline{RBI}$（动态灭零）	1	0	0	0	0	0	0	0	0	0	0	0	0	0
0	1	1	0	0	0	0	1	1	1	1	1	1	1	0
1	1	×	0	0	0	1	1	0	1	1	0	0	0	0
2	1	×	0	0	1	0	1	1	1	0	1	1	0	1
3	1	×	0	0	1	1	1	1	1	1	1	0	0	1
4	1	×	0	1	0	0	1	0	1	1	0	0	1	1
5	1	×	0	1	0	1	1	1	0	1	1	0	1	1
6	1	×	0	1	1	0	1	0	0	1	1	1	1	1
7	1	×	0	1	1	1	1	1	1	1	0	0	0	0
8	1	×	1	0	0	0	1	1	1	1	1	1	1	1
9	1	×	1	0	0	1	1	1	1	1	0	0	1	1
10	1	×	1	0	1	0	1	0	0	0	1	1	0	1
11	1	×	1	0	1	1	1	0	0	1	1	0	0	1
12	1	×	1	1	0	0	1	0	1	0	0	0	1	1
13	1	×	1	1	0	1	1	1	0	0	1	0	1	1
14	1	×	1	1	1	0	1	0	0	0	1	1	1	1
15	1	×	1	1	1	1	1	0	0	0	0	0	0	0

（2）CD4511。

CD4511 的引脚排列图如图 2.2.27 所示，其中，A、B、C、D 是 BCD 码输入，a、b、c、d、e、f、g 是译码输出，输出"1"表示有效，用来驱动共阴极 LED 数码管。$\overline{LT}$ 是测试输入端，$\overline{LT}=0$ 时译码输出全为"1"，这时数码管各段全部点亮，说明数码管是好的；否则数码管是坏的。$\overline{BI}$ 是消隐输入端，$\overline{BI}=0$ 时译码输出全为"0"。LE 是锁定端，LE＝"1"时译码器处于锁定（保持）状态，译码输出保持在 LE＝0 时的数值，LE＝0 为正常译码。译码器还有拒伪码功能，当输入码超过 1001 时，输出全为"0"，数码管熄灭。

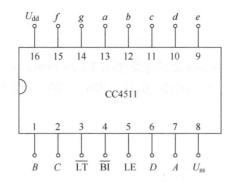

图 2.2.27　CD4511 的引脚排列图

CD4511 的真值表（功能表）（部分）如表 2.2.8 所示，显示 0～9 的接线图如图 2.2.28 所示。

表 2.2.8　CD4511 的真值表（功能表）（部分）

输　　　入							输　　　出							显示
LE	$\overline{\text{BI}}$	$\overline{\text{LT}}$	D	C	B	A	a	b	c	d	e	f	g	
×	×	0	×	×	×	×	1	1	1	1	1	1	1	8
×	0	1	×	×	×	×	0	0	0	0	0	0	0	消隐
0	1	1	0	0	0	0	1	1	1	1	1	1	0	0
0	1	1	0	0	0	1	0	1	1	0	0	0	0	1
0	1	1	0	1	1	0	0	0	1	1	1	1	1	6
0	1	1	0	1	1	1	1	1	1	0	0	0	0	7
0	1	1	1	0	0	0	1	1	1	1	1	1	1	8
0	1	1	1	0	0	1	1	1	1	0	0	1	1	9
0	1	1	1	0	1	0	0	0	0	0	0	0	0	消隐
1	1	1	×	×	×	×	锁存							锁存

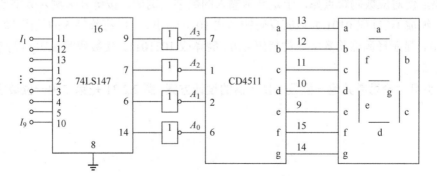

图 2.2.28　显示 0～9 的接线图

2.2.5　动动手

测试 74LS48 的功能，74LS48 测试电路如图 2.2.29 所示，4 个按键开关分别输入 0000、0001、0010、0011、0100、0101、0110、0111、1000、1001 十组代码，这十组代码依次翻译成 0~9 输出。

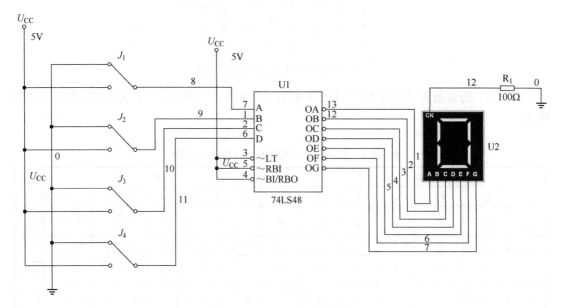

图 2.2.29　74LS48 测试电路

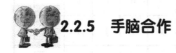

2.2.5　手脑合作

（1）分析并调试如图 2.2.30 所示的一位数字显示电路。

提示：按键开关输入要显示的数字，编码器将输入数字编成对应的 8421 代码并以反码输出，非门将编码器的反码转换成原码，显示译码器把输入代码翻译成数码管 abcdefg 段对应的代码，使对应数码管点亮，于是显示输入的数字。例如，按键开关输入数字 5，编码器将数字 5 编成 BCD 码 0101 并以其反码的形式 1010 输出，非门将数字 5 的反码 1010 转化成原码 0101，显示译码器将数字 5 的代码 0101 翻译成 1011011，使数码管 acdfg 段点亮，于是显示数字 5。

（2）小组讨论思考其他一位数字显示器的设计方案。图 2.2.31 是第二种一位数字显示器。

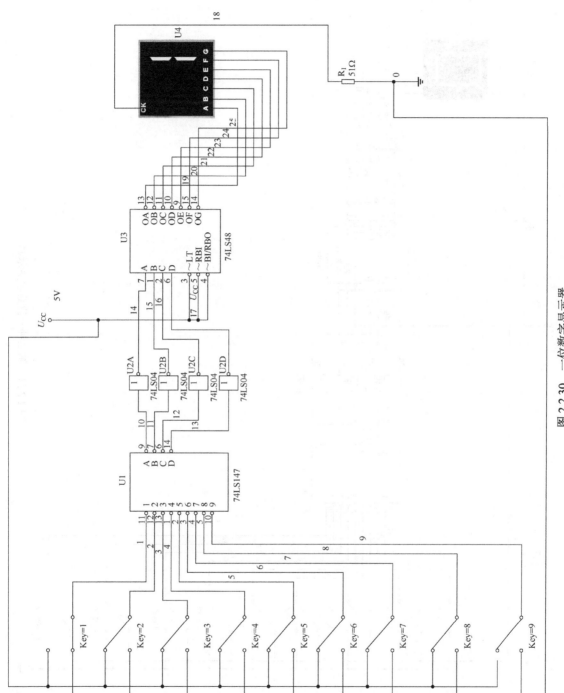

图 2.2.30   一位数字显示器

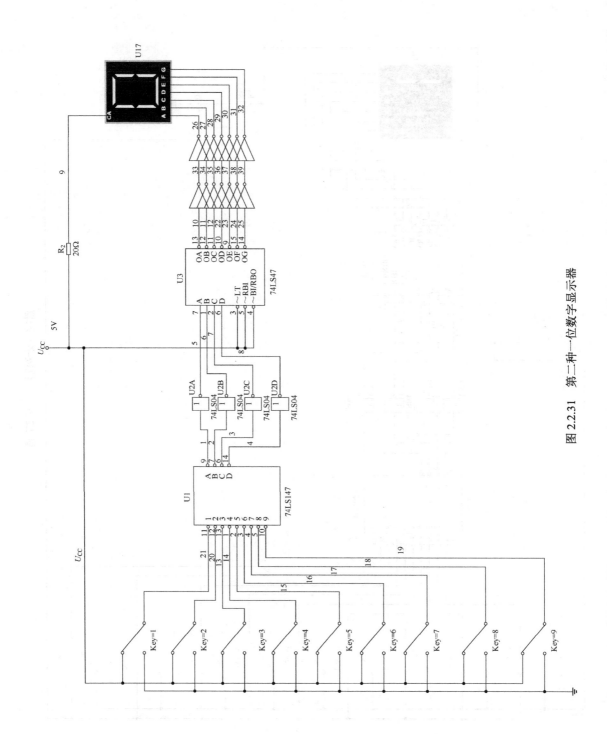

图 2.2.31　第二种一位数字显示器

任务 2.2.6 数据选择器的分析与测试

在多路数据传输过程中，经常需要将其中一路信号挑选出来进行传输，或将一路数据分配到多路单元中去。这就需要使用数据选择器和数据分配器。

从多路数据中选择某一路数据输出的逻辑电路称为数据选择器（或称多路调制器、多路开关），简称 MUX。一个 MUX 相当于一个单刀多掷开关。常用的 MUX 有 2 选 1、4 选 1、8 选 1、16 选 1 等类型。如果对 MUX 的功能进行扩展，还可得到 32 选 1、64 选 1 等类型。

1）MUX 的功能

下面以 4 选 1 MUX 为例来说明 MUX 的功能。
4 选 1 MUX 的逻辑功能示意图如图 2.2.32 所示，A_1、A_0 是地址输入，D_0、D_1、D_2、D_3 是数据输入，Y 是数据输出。

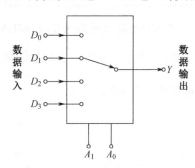

4 选 1 MUX 具有选择功能。当 $A_1A_0=00$ 时，选择 D_0 的数据输出，即 $Y=D_0$。当 A_1A_0 分别为 01、10、11 时，Y 分别为 D_1、D_2、D_3。4 选 1 MUX 的真值表（功能表）如表 2.2.9 所示。

图 2.2.32 4 选 1 MUX 的逻辑功能示意图

表 2.2.9 4 选 1 MUX 的真值表（功能表）

输入		输出
A_1	A_0	Y
0	0	D_0
0	1	D_1
1	0	D_2
1	1	D_3

2）集成 MUX 74LS153 和 74LS151

74LS153 是集成双 4 选 1 MUX，其引脚排列图和真值表（功能表）分别如图 2.2.33 和表 2.2.10 所示。其中，$\overline{S}$ 表示选通控制，低电平有效，即 $\overline{S}=0$ 时芯片被选中，处于工作状态，$Y=\sum_{i=0}^{3}D_i m_i$；$\overline{S}=1$ 时芯片被禁止，$Y \equiv 0$。

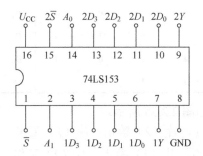

图 2.2.33 74LS153 的引脚排列图

表 2.2.10　74LS153 的真值表（功能表）

输入				输出
$\overline{S}$	D	A_1	A_0	Y
1	×	×	×	0
0	D_0	0	0	D_0
0	D_1	0	1	D_1
0	D_2	1	0	D_2
0	D_3	1	1	D_3

　　74LS151 是集成双 8 选 1 MUX，其引脚排列图和真值表（功能表）分别如图 2.2.34 和表 2.2.11 所示。其中，$\overline{S}$ 表示选通控制，低电平有效，$\overline{S} = 0$ 时，$Y = \sum\limits_{i=0}^{7} D_i m_i$；$\overline{S} = 1$ 时，芯片被禁止，$Y \equiv 0$。

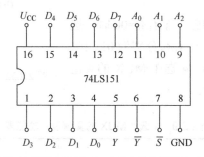

图 2.2.34　74LS151 的引脚排列图

表 2.2.11　74LS151 的真值表（功能表）

输　　入					输　　出	
D	A_2	A_1	A_0	$\overline{S}$	Y	$\overline{Y}$
×	×	×	×	1	0	1
D_0	0	0	0	0	D_0	$\overline{D_0}$
D_1	0	0	1	0	D_1	$\overline{D_1}$
D_2	0	1	0	0	D_2	$\overline{D_2}$
D_3	0	1	1	0	D_3	$\overline{D_3}$
D_4	1	0	0	0	D_4	$\overline{D_4}$
D_5	1	0	1	0	D_5	$\overline{D_5}$
D_6	1	1	0	0	D_6	$\overline{D_6}$
D_7	1	1	1	0	D_7	$\overline{D_7}$

　　74LS151 可进行扩展，如图 2.2.35 所示。

　　$A_3 = 0$ 时，$\overline{S}_1 = 0$，$\overline{S}_2 = 1$，片（2）禁止，片（1）工作。

　　$A_3 = 0$ 时，$\overline{S}_1 = 0$，$\overline{S}_2 = 0$，片（1）禁止，片（2）工作。

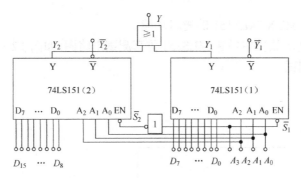

图 2.2.35　数据选择器的扩展

2.2.6　动动手

（1）测试 4 选 1 MUX 74LS153 的逻辑功能。

在 Multisim 10 仿真软件中搭建 74LS153 仿真测试电路图，如图 2.2.36 所示，根据 74LS153 的真值表进行逐项测试。

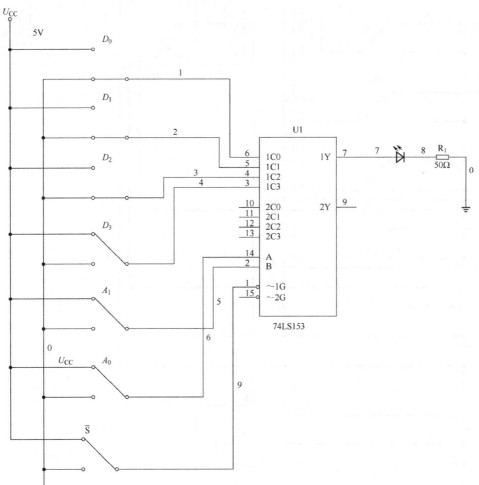

图 2.2.36　74LS153 仿真测试电路图

（2）测试 8 选 1 MUX 74LS151 的逻辑功能。

在 Multisim 10 仿真软件中搭建 74LS151 仿真测试电路图，如图2.2.37所示，根据 74LS151 的真值表进行逐项测试。

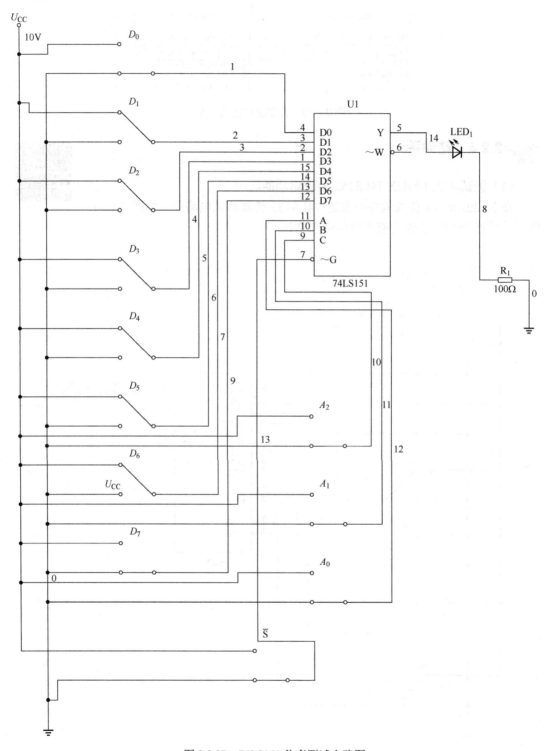

图 2.2.37　74LS151 仿真测试电路图

任务 2.2.7　用数据选择器实现组合逻辑函数

由前文可知，MUX 是地址选择变量最小项的输出器；而任何一个逻辑函数都可以表示为最小项之和的标准形式。因此，用 MUX 可以很方便地实现逻辑函数。

（1）当逻辑函数的变量个数和 MUX 的地址输入变量个数相同时，可直接用 MUX 来实现逻辑函数。

例 3：用 8 选 1 MUX 实现逻辑函数 $Y=AB+AC+BC$。

解一：用表达式比较法求解。

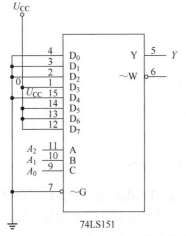

图 2.2.38　用 MUX 实现逻辑函数的电路图

①将逻辑函数式转换为标准与或表达式，即

$$Y = AB + AC + BC$$
$$= \overline{A}BC + A\overline{B}C + AB\overline{C} + ABC$$
$$= m_3 + m_5 + m_6 + m_7$$

②令 $A=A_2$、$B=A_1$、$C=A_0$，将上述表达式与 8 选 1 MUX 输出函数表达式进行比较，得

$$Y = m_0 D_0 + m_1 D_1 + m_2 D_2 + m_3 D_3 + m_4 D_4 +$$
$$m_5 D_5 + m_6 D_6 + m_7 D_7$$

式中，$D_0=D_1=D_2=D_4=0$，$D_3=D_5=D_6=D_7=1$。

③画电路图，如图 2.2.38 所示。

解二：用卡诺图比较法求解。

①分别绘制出逻辑函数卡诺图和 8 选 1 MUX 卡诺图，如图 2.2.39 所示。

A	BC			
	00	01	11	10
0	0	0	1	0
1	0	1	1	1

A_0	A_2A_1			
	00	01	11	10
0	D_0	D_2	D_6	D_4
1	D_1	D_3	D_7	D_5

图 2.2.39　逻辑函数卡诺图和 8 选 1 MUX 卡诺图

令 $A_2=A$、$A_1=B$、$A_0=C$，比较两个卡诺图可得

$$D_0=D_1=D_2=D_4=0，\quad D_3=D_5=D_6=D_7=1$$

②画电路图（见图 2.2.38）。

（2）当逻辑函数的变量个数多于 MUX 的地址输入变量个数时（逻辑函数的变量个数最多比 MUX 的地址输入变量个数多一个），应分离出多余的变量，将余下的变量分别有序地

加到 MUX 的地址输入端。

例 4：用 4 选 1 MUX 实现逻辑函数 $L = \overline{A}\overline{B}C + \overline{A}B\overline{C} + AB$。

74LS153 有两个地址变量，即 $A_1 = A$、$A_0 = B$，该逻辑函数的标准与或表达式为

$$L = \overline{A}\overline{B}C + \overline{A}B\overline{C} + AB = m_0C + m_1\overline{C} + m_2 \cdot 0 + m_3 \cdot 1$$

4 选 1 MUX 输出信号的表达式为

$$Y = m_0D_0 + m_1D_1 + m_2D_2 + m_3D_3$$

比较 L 和 Y，得

$$D_0 = C、D_1 = \overline{C}、D_2 = 0、D_3 = 1$$

根据上述内容绘制电路图，如图 2.2.40 所示。

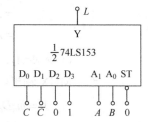

图 2.2.40　用 74LS153 实现逻辑函数的电路图

例 5：某车间用黄色故障指示灯来显示车间内三台设备的工作情况，只要有一台设备发生故障即点亮黄色故障指示灯，分别用 74LS151 和 74LS153 设计满足上述功能的故障指示电路。

①列真值表：车间有三台设备，其输出分别为 A、B、C，设备正常用 0 表示，设备故障用 1 表示，Y 表示指示灯亮灭情况，灯灭用 0 表示，灯亮用 1 表示。真值表如下。

A	B	C	Y
0	0	0	0
0	0	1	1
0	1	0	1
0	1	1	1
1	0	0	1
1	0	1	1
1	1	0	1
1	1	1	1

②根据真值表写出逻辑函数式并化简。

$$Y = \overline{A}\overline{B}C + \overline{A}C B + \overline{A}BC + A\overline{B}\overline{C} + A\overline{B}C + AB\overline{C} + ABC = \sum m(1,2,3,4,5,6,7)$$

③根据最简表达式画出电路图，如图 2.2.41 所示。

由于

$$Y = \overline{A}\overline{B}C + \overline{A}CB + \overline{A}BC + A\overline{B}\overline{C} + A\overline{B}C + AB\overline{C} + ABC$$
$$= \overline{A}\overline{B}C + \overline{A}B \cdot 1 + A\overline{B} \cdot 1 + AB \cdot 1 = m_0 \cdot C + m_1 \cdot 1 + m_2 \cdot 1 + m_3 \cdot 1$$

因此，用 74L4153 实现的故障报警电路如图 2.2.42 所示。

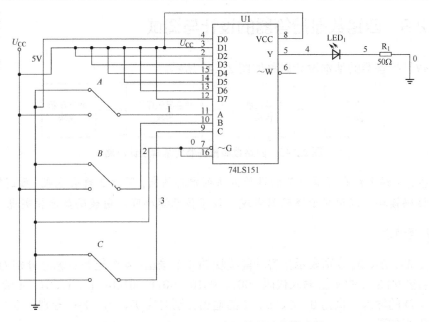

图 2.2.41　用 74LS151 实现的故障报警电路

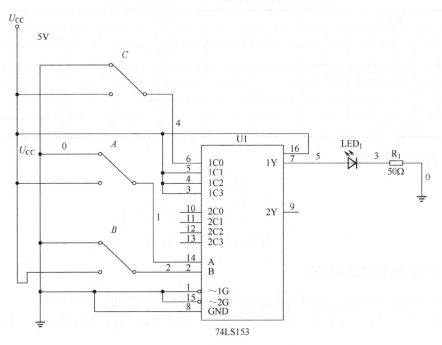

图 2.2.42　用 74LS153 实现的故障报警电路

 2.2.7　手脑合作

（1）用 151 MUX 实现逻辑函数 $L(A,B,C,D) = \sum m(0,3,4,5,9,10,11,12,13)$。

（2）某车间用黄色故障指示灯来显示车间内四台设备的工作情况，只要有两台或两台以上设备发生故障即点亮黄色故障指示灯，用 74LS151 设计满足上述功能的故障指示电路。

任务 2.2.8　四路数显抢答器的设计与调试

四路数显抢答器的基本设计思路如图 2.2.43 所示。

图 2.2.43　四路数显抢答器的基本设计思路

设计提示：结合组合逻辑电路的设计方法列出真值表，写出逻辑表达式，画逻辑电路图；数字显示译码模块可以用显示译码器实现；数字显示模块可以用数码显示管实现。

1. 列真值表

用 X_1、X_2、X_3、X_4 分别表示抢答功能模块的 4 个输出；4 个抢答者编号分别为 1、2、3、4，分别对应 74LS48 的 4 组输入代码 0001、0010、0011、0100；D、C、B、A 端中 D 恒输出 0，所以 D 的输入一直为 0；C、B、A 的输出分别对应 Y_1、Y_2、Y_3；分别用 3 个 74LS151 实现。真值表如下。

输入				输出			显示
X_1	X_2	X_3	X_4	Y_1（C）	Y_2（B）	Y_3（A）	数字
1	0	0	0	0	0	1	1
0	1	0	0	0	1	0	2
0	0	1	0	0	1	1	3
0	0	0	1	1	0	0	4
其他 12 种情况				0	0	0	

2. 列出逻辑函数式

$$Y_1 = \overline{X_1}\,\overline{X_2}\,\overline{X_3}X_4$$
$$Y_2 = \overline{X_1}X_2\overline{X_3}\,\overline{X_4} + \overline{X_1}\,\overline{X_2}X_3\overline{X_4}$$
$$Y_3 = X_1\overline{X_2}\,\overline{X_3}\,\overline{X_4} + \overline{X_1}\,\overline{X_2}X_3\overline{X_4}$$

3. 用 MUX 实现逻辑功能

首先，根据 MUX 表示逻辑函数式的需要，将逻辑函数式进行如下变形。

将 X_1、X_2、X_3 分配给 74LS151 的 C、B、A，则输出 Y_1、Y_2、Y_3 分别对应 74LS48 的 C、B、A。

$$Y_1(C) = \overline{X_1}\,\overline{X_2}\,\overline{X_3}X_4 = \overline{A_2}\,\overline{A_1}\,\overline{A_0}X_4 = m_0X_4$$
$$D_0 = X_4,\ D_1 = D_2 = D_3 = D_4 = D_5 = D_6 = D_7 = 0$$
$$Y_2(B) = \overline{X_1}X_2\overline{X_3}\,\overline{X_4} + \overline{X_1}\,\overline{X_2}X_3\overline{X_4} = m_2\overline{X_4} + m_1\overline{X_4}$$
$$D_1 = D_2 = \overline{X_4},\ D_0 = D_3 = D_4 = D_5 = D_6 = D_7 = 0$$
$$Y_3(A) = X_1\overline{X_2}\,\overline{X_3}\,\overline{X_4} + \overline{X_1}\,\overline{X_2}X_3\overline{X_4} = m_4\overline{X_4} + m_1\overline{X_4}$$
$$D_1 = D_4 = \overline{X_4},\ D_0 = D_2 = D_3 = D_5 = D_6 = D_7 = 0$$

用 MUX 实现抢答功能的电路图如图 2.2.44 所示。

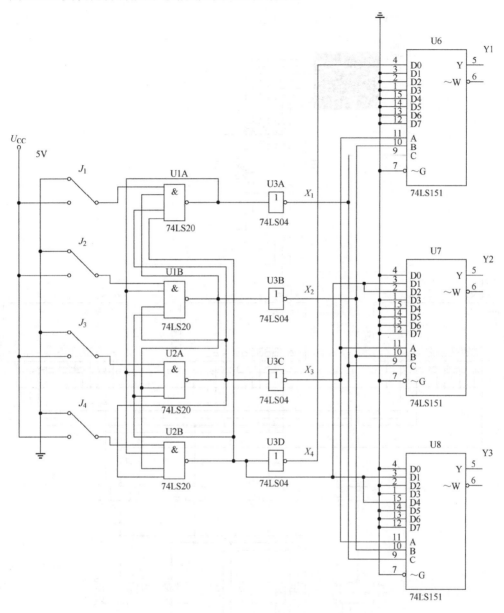

图 2.2.44　用 MUX 实现抢答功能的电路图

4．绘制电路图

由真值表可知，显示译码器的四个输入端的输入分别为

$$D = 0$$

$$C = Y_1$$

$$B = Y_2$$

$$A = Y_3$$

基于 MUX 思路的数显抢答器电路如图 2.2.45 所示。

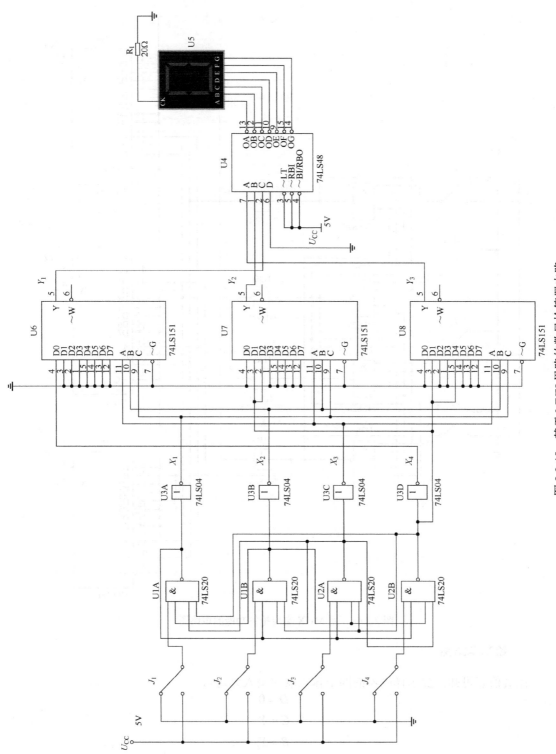

图 2.2.45　基于 MUX 思路的数显抢答器电路

2.2.8　手脑合作

分别基于逻辑门芯片和译码器设计四路数显抢答器并调试其功能。

1．基于逻辑门芯片实现

根据以下逻辑函数式直接画出逻辑电路图并调试结果。

$$C = \overline{\overline{X_1}\,\overline{X_2}\,\overline{X_3}X_4}$$

$$B = \overline{\overline{X_1}X_2\,\overline{X_3}\,\overline{X_4}} + \overline{\overline{X_1}\,\overline{X_2}X_3\,\overline{X_4}}$$

$$A = X_1\overline{X_2}\,\overline{X_3}\,\overline{X_4} + \overline{X_1}\,\overline{X_2}X_3\,\overline{X_4}$$

2．基于译码器实现

首先，根据译码器表示逻辑函数式的需要，将逻辑函数式进行如下变形。

$$C = \overline{\overline{X_1}\,\overline{X_2}\,\overline{X_3}X_4} = m_1 = \overline{\overline{Y_1}}$$

$$B = \overline{\overline{X_1}X_2\,\overline{X_3}\,\overline{X_4}} + \overline{\overline{X_1}\,\overline{X_2}X_3\,\overline{X_4}} = \overline{\overline{m_4}\,\overline{m_2}} = \overline{\overline{Y_4}\,\overline{Y_2}}$$

$$C = X_1\overline{X_2}\,\overline{X_3}\,\overline{X_4} + \overline{X_1}\,\overline{X_2}X_3\,\overline{X_4} = \overline{\overline{m_8}\,\overline{m_2}} = \overline{\overline{Y_8}\,\overline{Y_2}}$$

根据逻辑函数式画出电路图并调试结果。

课后自测

一、选择题

1．下列属于优先编/译码器的是（　　　）。
   A．74LS85　　　　　　　　　　　　　　　B．74LS138
   C．74LS148　　　　　　　　　　　　　　D．74LS48

2．七段数码显示管 TS547 是（　　　）。
   A．共阳极 LED 管　　　　　　　　　　　B．共阴极 LED 管
   C．共阳极 LCD 管　　　　　　　　　　　D．共阴极 LCD 管

3．8 输入端的编码器在按二进制编码时，输出端的个数是（　　　）。
   A．2 个　　　　　　　　　　　　　　　　B．3 个
   C．4 个　　　　　　　　　　　　　　　　D．8 个

4．4 输入端译码器的输出端最多为（　　　）。
   A．4 个　　　　　　　　　　　　　　　　B．8 个
   C．10 个　　　　　　　　　　　　　　　D．16 个

5．当 74LS147 的输入端按顺序输入 1111011101 时，输出为（　　　）。
   A．1101　　　　　　　　　　　　　　　B．1010

　　C. 1001　　　　　　　　　　　　　D. 1110

6. 对于一个 2 输入端的门电路，当输入为 1 和 0 时，输出不是 1 的门是（　　）。

　　A. 与非门　　　　　　　　　　　　B. 或门

　　C. 或非门　　　　　　　　　　　　D. 异或门

7. 多余输入端可以悬空使用的门是（　　）。

　　A. 与门　　　　　　　　　　　　　B. TTL 与非门

　　C. CMOS 与非门　　　　　　　　　D. 或非门

8. 译码器的输出量是（　　）。

　　A. 二进制　　　　　　　　　　　　B. 八进制

　　C. 十进制　　　　　　　　　　　　D. 十六进制

9. 编码器的输入量是（　　）。

　　A. 二进制　　　　　　　　　　　　B. 八进制

　　C. 十进制　　　　　　　　　　　　D. 十六进制

二、分析计算题

1. 试用 74LS151 实现逻辑函数 $Y(A,B,C,D) = \sum m(1,2,5,8,9,11,12,)$，要求写出求解过程。

2. 试用 8 选 1 MUX 74LS151 和适当的门电路实现逻辑函数 $Y(A,B,C) = A \oplus B \oplus C$。

3. 双 4 选 1 MUX CC14539 的逻辑示意图如图 2.2.46 所示，图 2.2.46 中 A_1 和 A_0 为地址码输入端，$D_0 \sim D_3$ 为数据输入端，试用其实现逻辑函数 $Y = A \oplus B \oplus C$。

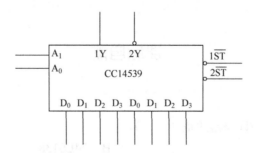

图 2.2.46　双 4 选 1 MUX CC14539 的逻辑示意图

4. 如图 2.2.47 所示，给出该电路的功能并列出电路功能表。

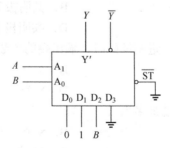

图 2.2.47　分析计算题 4 图

5. 在图 2.2.48 中，当 $AB=00$、01、10、11 时，Y 为何值？

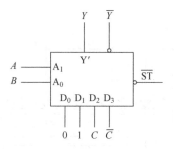

图 2.2.48　分析计算题 5 图

项目 2.3　LED 彩灯的分析与调试

↘ 学习目标

　　能力目标：会识别和测试常用触发器集成芯片；会用 555 定时器设计调试脉冲电路；能用触发器及译码器综合设计简易彩灯。

　　知识目标：熟悉各触发器的特性及功能；了解 555 定时器的结构；掌握 555 定时器的功能及基本应用。

项目背景

　　我们经常在公园、校园、商场等场合看到形形色色漂亮的彩灯，在春节等喜庆的节日里，各式各样的简易流水彩灯也随处可见。图 2.3.1 所示为实拍的装饰彩灯。在实际应用中，彩灯往往都是比较大型的，要考虑成本、美观等多方面因素，因此实际应用的彩灯往往不会单独采用数字电路的知识来设计。为了适应本课程的教学内容，本项目仿照实际彩灯的功能设计了适合教学的 8 路流水彩灯，其电路原理图如图 2.3.2 所示。

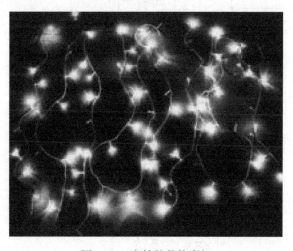

图 2.3.1　实拍的装饰彩灯

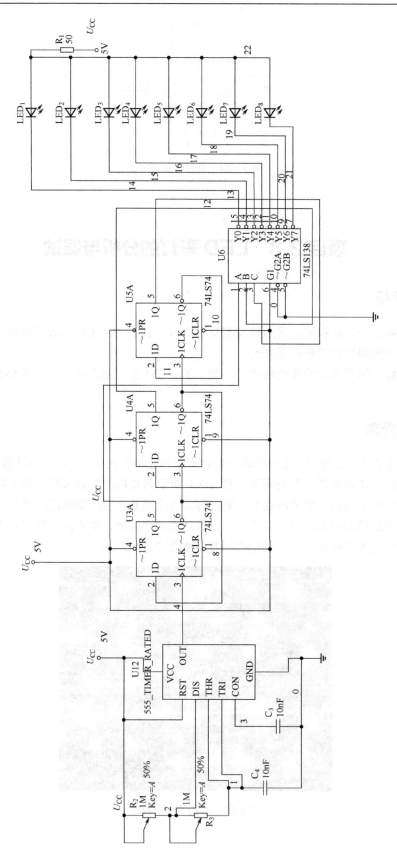

图 2.3.2　8 路流水彩灯电路原理图

任务 2.3.1　触发器的识别与测试

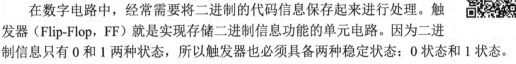

在数字电路中，经常需要将二进制的代码信息保存起来进行处理。触发器（Flip-Flop，FF）就是实现存储二进制信息功能的单元电路。因为二进制信息只有 0 和 1 两种状态，所以触发器也必须具备两种稳定状态：0 状态和 1 状态。

触发器按结构可分为基本型、同步型、主从型、边沿型。

触发器按逻辑功能可分为 RS 触发器、D 触发器、T 触发器、JK 触发器。

1. 基本 RS 触发器

基本 RS 触发器是构成各种功能触发器的基本单元，所以称为基本触发器，它可以用两个与非门或两个或非门交叉耦合构成。

基本 RS 触发器有两个互补输出端 Q 和 $\overline{Q}$。

当 $Q=1$，$\overline{Q}=0$ 时，称触发器处于"1"状态。

当 $Q=0$，$\overline{Q}=1$ 时，称触发器处于"0"状态。

把输入信号作用前的触发器状态称为现在状态（简称现态），用 Q^n 和 $\overline{Q}^n$ 表示，把输入信号作用后触发器的状态称为下一状态（简称次态），用 Q^{n+1} 和 $\overline{Q}^{n+1}$ 表示。

1）电路结构和工作原理

基本 RS 触发器电路及逻辑符号如图 2.3.3 所示。

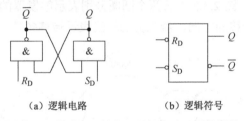

（a）逻辑电路　　　　　（b）逻辑符号

图 2.3.3　基本 RS 触发器逻辑电路及逻辑符号

当 $R_D=0$，$S_D=0$ 时，$Q^{n+1}=\overline{Q^{n+1}}=1$，破坏了触发器的互补输出关系。当 R_D、S_D 同时从 0 变化为 1 时，由于门的延迟时间不一致，触发器的次态不确定，即 $Q^{n+1}=X$，这种情况是不允许的，因此规定输入信号 R_D、S_D 不能同时为 0，它们应遵循 $R_D+S_D=1$ 的约束条件。

基本 RS 触发器具有置 0、置 1 和保持的逻辑功能，S_D 称为置 1 端或置位（SET）端，R_D 称为置 0 或复位（RESET）端，R_D、S_D 低电平有效，因此基本 RS 触发器也称为置位—复位（Set-Reset）触发器。

2）基本 RS 触发器的功能描述方法

（1）状态转移真值表（简称状态表）。

基本 RS 触发器的状态表如表 2.3.1 所示。

（2）特征方程（状态方程）。

特征方程是描述触发器逻辑功能的函数表达式，也称状态方程。图 2.3.4 是基本 RS 触发器的次态卡诺图。

表 2.3.1　基本 RS 触发器的状态表

R_D	S_D	Q^{n+1}
0	0	不定
0	1	0
1	0	1
1	1	Q^n

	$R_D S_D$			
Q	00	01	11	10
0	×	0	0	1
1	×	0	1	1

图 2.3.4　基本 RS 触发器的次态卡诺图

由基本 RS 触发器的次态卡诺图可得其特征方程为

$$\begin{cases} Q^{n+1} = \overline{S}_D + R_D Q^n \\ S_D + R_D = 1 \end{cases}$$

（3）状态转移图（状态图）。

状态转移图是用图形方式来描述触发器状态转移规律的，简称状态图。基本 RS 触发器的状态图如图 2.3.5 所示。图 2.3.5 中的两个圆圈分别表示触发器的两个稳定状态，箭头表示在输入信号作用下状态转移的方向，箭头旁的标注表示转移条件。

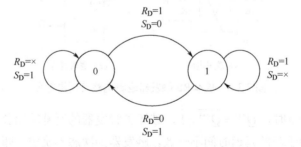

图 2.3.5　基本 RS 触发器的状态图

（4）激励表。

激励表（驱动表）是表示触发器由当前状态 Q^n 转至确定的下一状态 Q^{n+1} 时，对输入信号的要求。表 2.3.2 是基本 RS 触发器的激励表。

表 2.3.2　基本 RS 触发器的激励表

Q^n	Q^{n+1}	R_D	S_D
0	0	×	1
0	1	1	0
1	0	0	1
1	1	1	×

（5）波形图（时序图）。

波形图又称时序图，它反映了触发器的输出状态随时间和输入信号变化的规律。基本RS 触发器的波形图如图 2.3.6 所示。

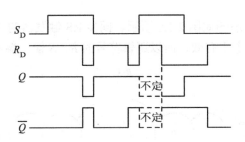

图 2.3.6　基本 RS 触发器的波形图

2. 同步 RS 触发器

1）结构与符号

同步 RS 触发器是在基本 RS 触发器基础上增加两个与非门构成的，其逻辑电路及逻辑符号分别如图 2.3.7（a）和 2.3.7（b）所示。图 2.3.7 中 C、D 门构成触发引导电路，R 表示置 0，S 表示置 1，CP（Clock-Pulse）为时钟输入端。从图 2.3.7 中可以看出，同步 RS 触发器的输入函数为 $R_D = \overline{R} \cdot \overline{CP}$，$S_D = \overline{S} \cdot \overline{CP}$。

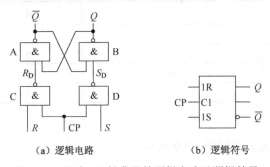

（a）逻辑电路　　　　　　　（b）逻辑符号

图 2.3.7　同步 RS 触发器的逻辑电路及逻辑符号

2）同步 RS 触发器的功能描述

（1）状态表。

CP=1 时的同步 RS 触发器的状态表如表 2.3.3 所示。

表 2.3.3　CP=1 时的同步 RS 触发器的状态表

R	S	Q^{n+1}
0	0	Q^n
0	1	1
1	0	0
1	1	×

（2）特征方程。

同步 RS 触发器的特征方程为

$$Q^{n+1} = S + \overline{R}Q^n$$
$$RS = 0$$

（3）状态图。

同步 RS 触发器的状态图如图 2.3.8 所示。同步 RS 触发器的 R 和 S 分别为 1 时清 "0" 和置 "1"，称为 R、S 高电平有效，所以逻辑符号的 R、S 输入端不加小圆圈。

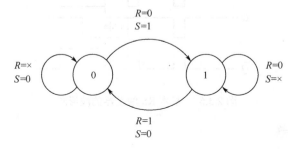

图 2.3.8　同步 RS 触发器的状态图

（4）激励表。

表 2.3.4 是同步 RS 触发器的激励表。

表 2.3.4　同步 RS 触发器的激励表

Q^n	Q^{n+1}	R	S
0	0	×	0
0	1	0	1
1	0	1	0
1	1	0	×

（5）波形图。

同步 RS 触发器的波形图如图 2.3.9 所示。

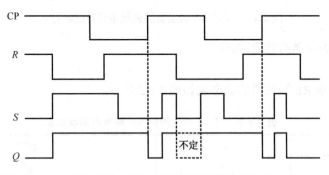

图 2.3.9　同步 RS 触发器的波形图

3. 同步 D 触发器

为解决 R、S 之间存在的约束问题，将图 2.3.7 中同步 RS 触发器的 R 端接至 D 门（图 2.3.10 中的 E 门）的输出端，形成同步 D 触发器。同步 D 触发器的逻辑电路和逻辑符号如图 2.3.10 所示。

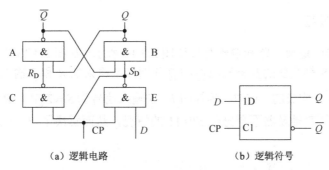

（a）逻辑电路　　　　　　　　　　　　（b）逻辑符号

图 2.3.10　同步 D 触发器的逻辑电路和逻辑符号

当 CP=0，S_D=1，R_D=1 时，触发器状态保持不变。

当 CP=1，S_D=D，R_D=$\overline{D}$ 时，代入基本 RS 触发器的特征方程可得同步 D 触发器的特征方程，即

$$Q^{n+1} = D$$

同理，可得同步 D 触发器在 CP=1 时的状态表，如表 2.3.5 所示，同步 D 触发器的激励表如表 2.3.6 所示，同步 D 触发器的状态图如图 2.3.11 所示，同步 D 触发器的波形图如图 2.3.12 所示。

表 2.3.5　同步 D 触发器的状态表

D	Q^{n+1}
0	0
1	1

表 2.3.6　同步 D 触发器的激励表

Q^n	Q^{n+1}	D
0	0	0
0	1	1
1	0	0
1	1	1

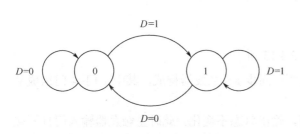

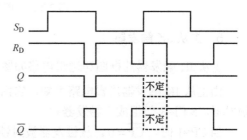

图 2.3.11　同步 D 触发器的状态图　　　　图 2.3.12　同步 D 触发器的波形图（设初态为 0）

因为在 CP=1 期间，输入信号均有效，有干扰也无法杜绝，所以同步 D 触发器可能存在

空翻问题。

4. 同步 T 触发器

同步 T 触发器的逻辑电路和逻辑符号如图 2.3.13 所示。从图 2.3.13 中可以看出，同步 T 触发器是将同步 RS 触发器的互补输出 Q 和 $\overline{Q}$ 分别接至原来的 R 和 S 输入，并在触发引导门的输入端加入信号 T 构成的。这时，等效的 R、S 输入信号为 $S = T\overline{Q^n}$，$R = TQ^n$。由于 Q_n 和 $\overline{Q_n}$ 互补，因此同步 T 触发器不会出现 $SR=11$ 的情况，从而解决了 R、S 之间存在的约束问题。

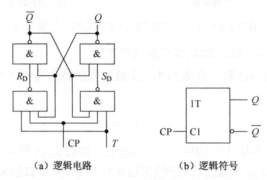

（a）逻辑电路　　　　　　　（b）逻辑符号

图 2.3.13　同步 T 触发器的逻辑电路和逻辑符号

由图 2.3.13 可见，$S_D = \overline{T\overline{Q^n} \cdot CP}$，$R_D = \overline{TQ^n \cdot CP}$

当 CP=0 时，$S_D = 1$，$R_D = 1$，触发器状态保持不变。

当 CP=1 时，代入基本 RS 触发器的特征方程可得同步 T 触发器的特征方程，即

$$Q^{n+1} = \overline{S}_D + R_D Q^n = T\overline{Q^n} + \overline{TQ^n}Q^n = T\overline{Q^n} + \overline{T}Q^n = T \oplus Q^n$$

同步 T 触发器的状态图如图 2.3.14 所示。

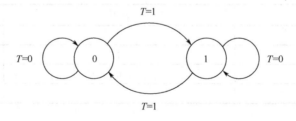

图 2.3.14　同步 T 触发器的状态图

5. 主从 JK 触发器

主从 JK 触发器的框图和逻辑电路如图 2.3.15 所示。

由主从 JK 触发器逻辑电路可知，它由两个同步 RS 触发器构成，其中 1 门~4 门组成从触发器，5 门~8 门组成主触发器。

当 CP=1 时，$\overline{CP} = 0$，从触发器被封锁，输出状态不变化。此时主触发器输入门打开接收 J、K 信号。将 $R_{D主} = \overline{KQ^n}$，$S_{D主} = \overline{J\overline{Q^n}}$ 代入基本 RS 触发器特征方程可得

$$Q_主^{n+1} = \overline{S}_{D主} + R_{D主}Q_主^n = J\overline{Q^n} + \overline{KQ^n}Q_主^n$$

当 CP=0 时，$\overline{CP}=1$，主触发器被封锁，禁止接收 J、K 信号，主触发器维持原态；从触发器输入门被打开，从触发器按照主触发器的状态翻转，其中

$$R_D' = Q_{主}^{n+1}$$

$$S_D' = \overline{Q_{主}^{n+1}}$$

$$Q^{n+1} = \overline{S_D'} + R_D'Q^n = Q_{主}^{n+1} + Q_{主}^{n+1}Q^n = Q_{主}^{n+1}$$

也就是说，将主触发器的状态转移到从触发器的输出端，从触发器的状态和主触发器的状态一致。将 $Q^n = Q_{主}^n$ 代入上式可得

$$Q_{主}^{n+1} = J\overline{Q_{主}^n} + \overline{K}Q_{主}^n$$

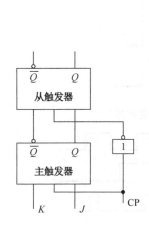

主从 JK 触发器的框图

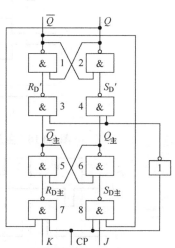

主从 JK 触发器的逻辑电路

图 2.3.15　主从 JK 触发器的框图和逻辑电路

主从 JK 触发器优点：CP=1 时，可按主从 JK 触发器的特性来决定主触发器的状态，只有在 CP 下降沿（1→0）时，从触发器的输出才改变一次状态。这样，避免了主从 JK 触发器空翻。主从 JK 触发器的优点如下。

① 输出状态变化的时刻在时钟的下降沿。

② 输出状态的变化由时钟 CP 下降沿到来前一瞬间的 J、K 值（根据主从 JK 触发器的特征方程得到）来决定。

主从 JK 触发器的缺点：存在一次翻转现象。主从 JK 触发器虽然防止了空翻现象，但还存在一次翻转现象，可能会使触发器产生错误动作，这限制了它的使用。一次翻转现象是指在 CP=1 期间，主触发器接收输入激励信号发生一次翻转后，主触发器状态就一直保持不变，它不再随输入激励信号 J、K 的变化而变化。

例如，设 $Q^n = Q_{主}^n = 0$，$J=0$，$K=1$，如果在 CP=1 期间 J、K 发生了多次变化，那么其变化波形如图 2.3.16 所示。

其中，第一次变化发生在 t_1 时刻，此时 $J=K=1$，从触发器输出 $Q^n = 0$，从而主触发器发生一次翻转，即 $Q_{主}^{n+1} = 1$，$\overline{Q_{主}^{n+1}} = 0$。在 t_2 时刻，$J=0$，$K=1$，$R_{D主} = \overline{KQ^n} = 1$，$S_{D主} = \overline{J\overline{Q^n}} = 0$，主触发器状态不变。

由于 CP=1 期间 $Q^n = 0$，主从 JK 触发器的 7 门（见图 2.3.15）一直被封锁，此时 $R_{D主}=1$。因此 t_3 时刻 K 变化不起作用，$Q_主^{n+1}$ 一直保持不变。当 CP 下降沿到来时，从触发器的状态为 $Q^{n+1} = Q_主^{n+1} = 1$。这就是一次翻转情况，其波形变化如图 2.3.17 所示。一次翻转和 CP 下降沿到来时由当时的 J、K 值（$J=0$，$K=1$）确定的状态 $Q^{n+1} = 0$ 不一致，即一次翻转会使触发器产生错误动作。

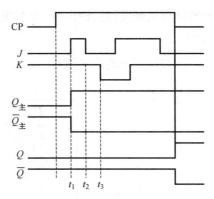

图 2.3.16　主从 JK 触发器的变化波形

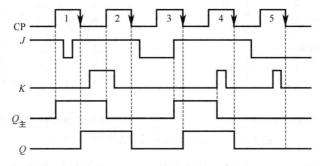

图 2.3.17　一次翻转情况的波形变化

若在 CP=1 时，J、K 信号发生了变化，就不能根据 CP 下降沿时的 J、K 值来决定输出 Q。这时可按以下方法来处理。

若 CP=1 以前 $Q=0$，则从 CP 的上升沿时刻起，J、K 信号出现使 Q 变为 1 的组合，即 JK=10 或 11，则 CP 下降沿时 Q 也为 1；否则 Q 仍为 0。

若 CP=1 以前 $Q=1$，则从 CP 的上升沿时刻起，J、K 信号出现使 Q 变为 0 的组合，即 JK=01 或 10，则 CP 下降沿时 Q 也为 0；否则 Q 仍为 1。主从 JK 触发器仅在第 5 个 CP 时不产生一次翻转。

为了使 CP 下降时输出值和当时的 J、K 值一致，要求在 CP=1 期间，J、K 信号不变化。但实际在干扰信号的影响下，主从 JK 触发器的一次翻转现象仍会使触发器产生错误动作，因此主从 JK 触发器数据输入端抗干扰能力较弱。为了减少接收干扰的机会，应使 CP=1 的宽度尽可能窄。

6. 边沿触发器

同时具备以下条件的触发器称为边沿触发方式触发器，简称边沿触发器。

①触发器仅在 CP 某一约定跳变到来时才接收输入信号。

②在 CP=0 或 CP=1 期间，输入信号变化不会引起触发器输出状态变化。

边沿触发器不仅克服了同步 RS 触发器的空翻现象和主从 RS 触发器的一次性变化问题，还大大提高了抗干扰能力，工作更为可靠。

边沿触发的触发器有两种类型：一种是维持—阻塞式触发器，它利用直流反馈维持翻转后的新状态，以此来阻塞触发器在同一时钟内再次产生翻转；另一种是边沿触发器，它利用触发器内部逻辑门之间延迟时间的不同来使触发器只在约定时钟跳变时才接收输入信号。

1）维持—阻塞式边沿 D 触发器

维持—阻塞式边沿 D 触发器由同步 RS 触发器、引导门和 4 根直流反馈线组成，其逻辑电路如图 2.3.18 所示。

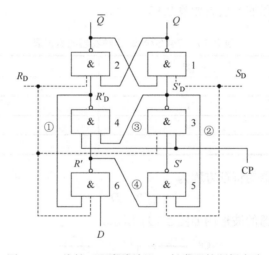

图 2.3.18　维持—阻塞式边沿 D 触发器的逻辑电路

R_D、S_D 为直接置 0 端、置 1 端，其操作不受 CP 控制，因此也称为异步置 0 端、置 1 端。

维持—阻塞式边沿 D 触发器是在 CP 上升沿到达前接收输入信号；上升沿到达时刻触发器翻转；上升沿以后输入触发器被封锁。因此，维持—阻塞式边沿 D 触发器具有边沿触发的功能，并可有效地防止空翻。维持—阻塞式边沿 D 触发器的波形图如图 2.3.19 所示。

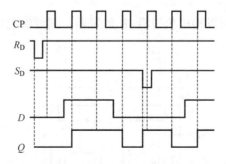

图 2.3.19　维持—阻塞式边沿 D 触发器的波形图

目前国内生产的集成 D 触发器主要是维持—阻塞式的，这种触发器都是在时钟脉冲上升沿触发翻转的，常用的有 74LS74 双 D 触发器、74LS75 四 D 触发器和 74LS76 六 D 触发器等。74LS74 双 D 触发器的引脚排列图和逻辑符号如图 2.3.20 所示。

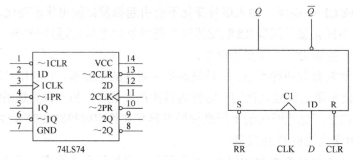

图 2.3.20 74LS74 双 D 触发器的引脚排列图和逻辑符号

74LS74 双 D 触发器的真值表如表 2.3.7 所示。

表 2.3.7 74LS74 双 D 触发器的真值表

D	Q^n	Q^{n+1}
0	0	0
0	1	0
1	0	1
1	1	1

74LS74 双 D 触发器的特征方程为

$$Q^{n+1} = D$$

74LS74 双 D 触发器的波形图如图 2.3.21 所示。

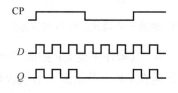

图 2.3.21 74LS74 双 D 触发器的波形图

2）负边沿 JK 触发器

利用门传输延迟时间可以构成负边沿 JK 触发器，其逻辑电路如图 2.3.22 所示。

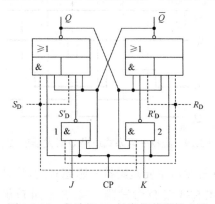

图 2.3.22 负边沿 JK 触发器的逻辑电路

负边沿 JK 触发器的输出在 CP 下降沿产生翻转，翻转方向取决于 CP 下降前瞬间的 J、K 输入信号。翻转只要求输入信号在 CP 下降沿到达之前，在与非门 1、2 转换过程中保持不变，而在 CP=0 及 CP=1 期间，J、K 信号的任何变化都不会影响触发器的输出。因此，这种触发器比维持—阻塞式边沿 D 触发器在数据输入端具有更强的抗干扰能力，其波形图如图 2.3.23 所示。

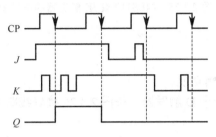

图 2.3.23　负边沿 JK 触发器的波形图

3）74LS112 双 JK 触发器

74LS112 双 JK 触发器每个集成芯片都包含两个具有复位端、置位端的下降沿触发的 JK 触发器，通常用于缓冲触发器、计数器和移位寄存器电路中。74LS112 双 JK 触发器的引脚排列图和逻辑符号如图 2.3.24 所示。

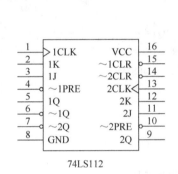
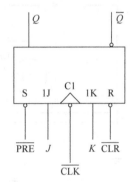

图 2.3.24　74LS112 双 JK 触发器的引脚排列图和逻辑符号

74LS112 双 JK 触发器的逻辑功能如表 2.3.8 所示。

表 2.3.8　74LS112 双 JK 触发器的逻辑功能

J	K	Q^{n+1}
0	0	Q^n（保持）
0	1	0（置 0）
1	0	1（置 1）
1	1	（翻转）

74LS112 双 JK 触发器的特征方程为

$$Q^{n+1} = J\overline{Q}^n + \overline{K}Q^n$$

74LS112 双 JK 触发器的波形图如图 2.3.25 所示。

JK 触发器特征：全零保持，全 1 翻转；01 置零，10 置 1。

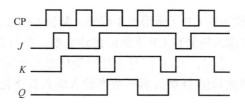

图 2.3.25　74LS112 双 JK 触发器的波形图

2.3.1　动动手

（1）测试 74LS74 的逻辑功能。

①任取集成电路中的一个 D 触发器，按图 2.3.26 接好线路并调试其功能。

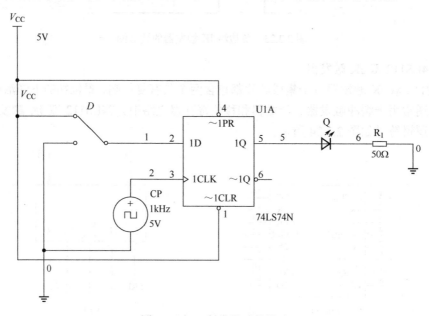

图 2.3.26　D 触发器功能测试

②按 74LS74 真值表中所示状态设置各开关状态，检查各项功能。将输出结果记录在表 2.3.9 中，并与 74LS74 真值表对照比较，如果所测数据和真值表数据一致，则功能正确。

表 2.3.9　D 触发器功能测试结果

输入				输出 Q^{n+1}	
D	$\overline{PR}$	$\overline{CLR}$	CP	原态 $Q^n = 0$	原态 $Q^n = 1$
0	1	1	0→1		
	1	1	1→0		
1	1	1	0→1		
	1	1	1→0		

（2）测试 74LS112 的逻辑功能。

任取集成电路中的一个 JK 触发器，按图 2.3.27 接好线路并调试其功能。

（3）试用 74LS74D 设计 2 人抢答器，其参考电路如图 2.3.28 所示。

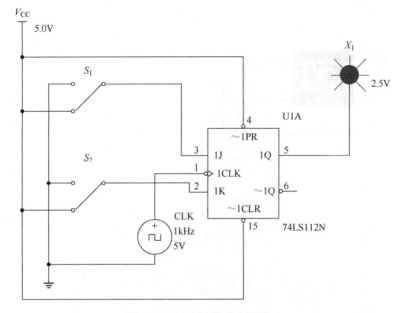

图 2.3.27　JK 触发器功能测试

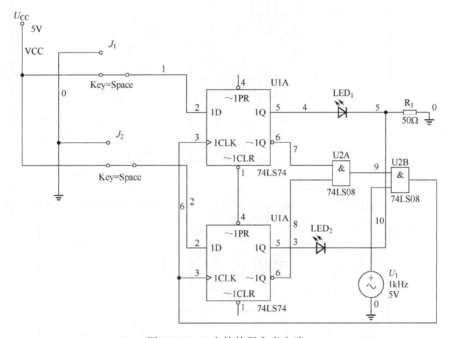

图 2.3.28　2 人抢答器参考电路

（4）用 74LS175 设计并制作可由主持人控制的 4 人抢答器，要求如下。

在 74LS175 构成的改进型抢答器中，1、2、3、4 为 4 路抢答操作按钮。任何一人先将某一按钮按下，则与其对应的发光二极管（指示灯）被点亮，表示此人抢答成功；而紧随其后的其他按钮被按下均无效，指示灯仍保持第一个按钮按下时所对应的状态。J_5 对应由主持人控制的复位操作按钮发出的信号，当 $J_5=1$（复位操作按钮被按下）时抢答器电路清零，$J_5=0$ 则允许抢答。可由主持人控制的 4 路抢答器参考电路如图 2.3.29 所示。

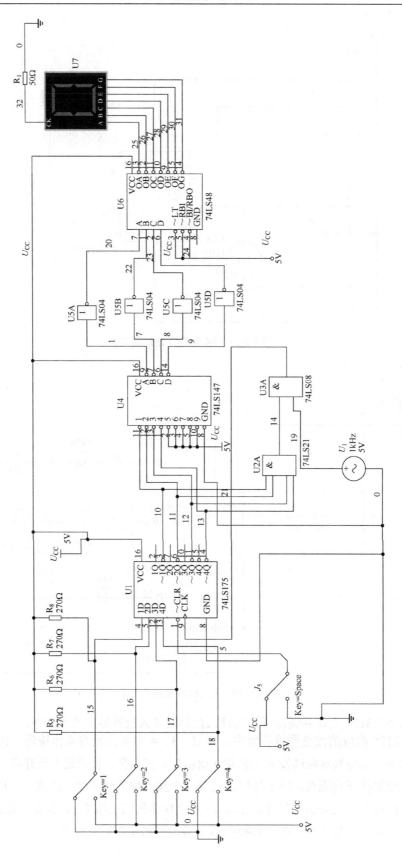

图 2.3.29　可由主持人控制的 4 路抢答器参考电路

任务 2.3.2　用分频器实现彩灯效果

D 触发器可以实现信号的分频。如图 2.3.30 所示，将 D 触发器的 $\overline{Q}$ 接到 D 处，每一次上升沿输出端反转一次，从而实现 2 分频。2 分频电路的波形图如图 2.3.31 所示。

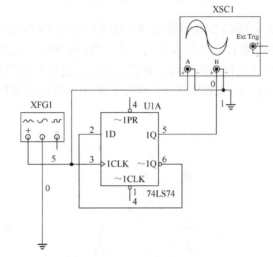

图 2.3.30　D 触发器分频电路

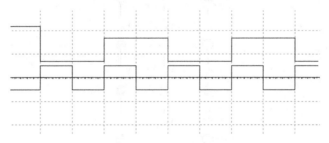

图 2.3.31　2 分频电路的波形图

将两个 2 分频的 D 触发器级联，可以实现 4 分频，如图 2.3.32 所示，其波形图如图 2.3.33 所示。

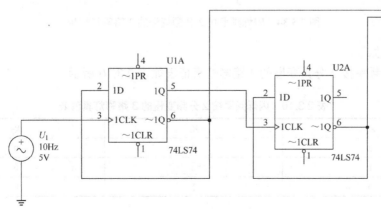

图 2.3.32　4 分频电路

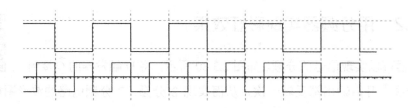

图 2.3.33 4 分频电路的波形图

依次类推，将 n 个 2 分频的 D 触发器级联，就可以实现 $2n$ 分频。

例 1：基于边沿 D 触发器设计并仿真调试 3 路灯光控制电路，要求红黄蓝 3 路灯从快到慢反复循环闪烁，并且红灯变化频率最快，黄灯变化频率是红灯变化频率的 1/2，蓝灯变化频率是黄灯变化频率的 1/2。闪烁频率按 2 分频变慢的 3 路彩灯效果如图 2.3.34 所示。

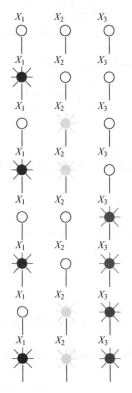

图 2.3.34 闪烁频率按 2 分频变慢的 3 路彩灯效果

设计思路如下。

（1）闪烁频率按 2 分频变慢的 3 路彩灯真值表如表 2.3.10 所示。

表 2.3.10 闪烁频率按 2 分频变慢的 3 路彩灯真值表

X_1	X_2	X_3
0	0	0
1	0	0
0	1	0

续表

X_1	X_2	X_3
1	1	0
0	0	1
1	0	1
0	1	1
1	1	1

（2）根据表 2.3.10 可获得对应的波形图，如图 2.3.35 所示。

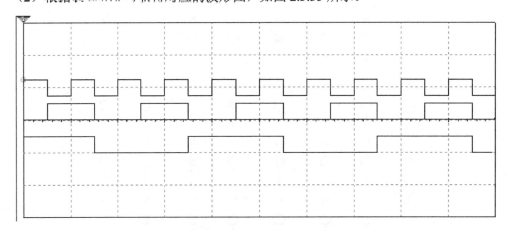

图 2.3.35   闪烁频率按 2 分频变慢的 3 路彩灯波形图

（3）由图 2.3.35 可知，3 路彩灯分别对应 2 分频电路、4 分频电路、8 分频电路的输出，因此可以把 2 分频电路、4 分频电路、8 分频电路首尾级联，对应输出端分别驱动红黄蓝 3 盏灯。闪烁频率按 2 分频变慢的 3 路彩灯参考电路如图 2.3.36 所示。

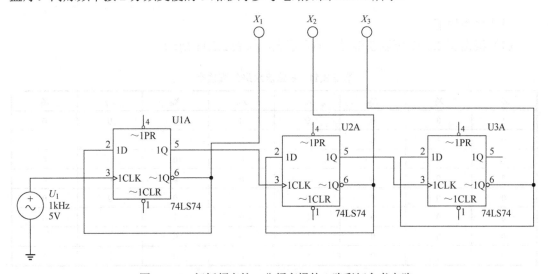

图 2.3.36   闪烁频率按 2 分频变慢的 3 路彩灯参考电路

例 2： 在例 1 基础上用尽可能简单经济的电路实现 8 路流水彩灯功能，要求每路灯自动依次点亮，8 路流水彩灯效果如图 2.3.37 所示。

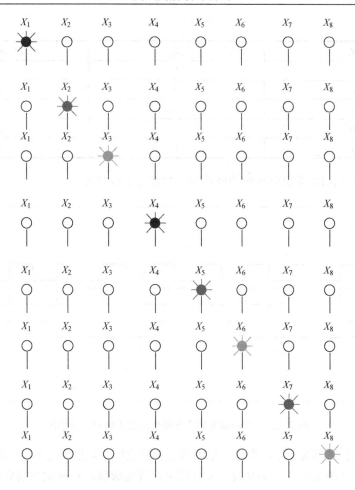

图 2.3.37　8 路流水彩灯效果

设计思路如下。

（1）根据图 2.3.37 可以获得对应的真值表，如表 2.3.11 所示。

表 2.3.11　8 路流水彩灯真值表

X_1	X_2	X_3	X_4	X_5	X_6	X_7	X_8
1	0	0	0	0	0	0	0
0	1	0	0	0	0	0	0
0	0	1	0	0	0	0	0
0	0	0	1	0	0	0	0
0	0	0	0	1	0	0	0
0	0	0	0	0	1	0	0
0	0	0	0	0	0	1	0
0	0	0	0	0	0	0	1

（2）对比表 2.3.11 和 74LS138 的真值表可知，只要将 74LS138 输出端反向就可以驱动 8 路彩灯按要求工作。74LS138 输出代码如下。

Y_0	Y_1	Y_2	Y_3	Y_4	Y_5	Y_6	Y_7
0	1	1	1	1	1	1	1
1	1	1	1	1	1	1	1
1	1	0	1	1	1	1	1
1	1	1	0	1	1	1	1
1	1	1	1	0	1	1	1
1	1	1	1	1	0	1	1
1	1	1	1	1	1	0	1
1	1	1	1	1	1	1	0

（3）对比表 2.3.11 和 74LS138 的输出代码可发现，2 分频电路、4 分频电路、8 分频电路的输出端正好可以作为 74LS138 的输入信号。

综上，可获得如图 2.3.38 所示的 8 路流水彩灯参考电路。

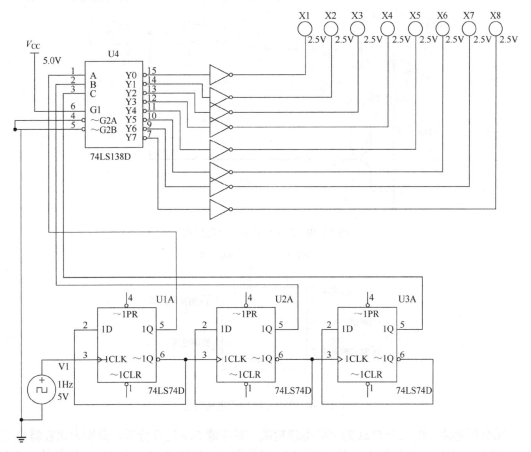

图 2.3.38　8 路流水彩灯参考电路

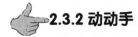
2.3.2 动动手

基于边沿 D 触发器和 74LS138 译码器或 74LS42 译码器分别设计依次点亮的 2 路流水彩灯、4 路流水彩灯、10 路流水彩灯。

任务 2.3.3　用 555 定时器实现触发脉冲

1）555 定时器电路结构

555 定时器的电路结构和电路符号分别如图 2.3.39 和图 2.3.40 所示。555 定时器由五部分组成，分别是分压电路、比较器、基本 RS 触发器、开关管和输出缓冲器。

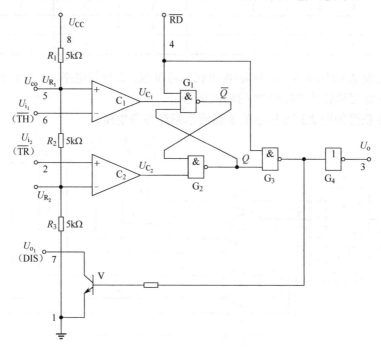

图 2.3.39　555 定时器的电路结构

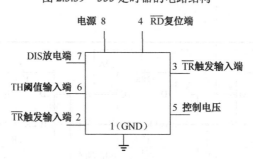

图 2.3.40　555 定时器的电路符号

①分压电路：由三个 5kΩ 的电阻串联构成，对电源 U_{CC} 进行分压，分别为比较器 C_1 和 C_2 提供参考电压。在控制电压输入端 CO 端悬空时，比较器 C_1 同相输入端的输入电压 $U_+ = U_{R_1} = 2U_{CC}/3$，比较器 C_2 反相输入端的输入电压 $U_- = U_{R_2} = U_{CC}/3$。

②比较器：比较器 C_1 和 C_2 是两个工作在非线性状态的理想运算放大器，当 $U_+ > U_-$ 时，比较器输出高电平（U_{CC}），当 $U_+ < U_-$ 时，比较器输出低电平（0）。

③基本 RS 触发器：由两个与非门组成。比较器 C_1 和 C_2 的输出信号决定了基本 RS 触发器的输出状态。

④开关管：由工作在开关状态的三极管 V 构成。基极为高电平时，V 饱和导通；基极为低电平时，V 截止。

⑤输出缓冲器：由非门组成，用于提高电路的带负载能力和抗干扰能力。

2）555 定时器的功能

在图 2.3.40 中，TH 是比较器 C_1 的反相输入端（也称阈值端），$\overline{TR}$ 是比较器 C_2 的同相输入端（也称触发输入端）。555 定时器的功能如表 2.3.12 所示。

表 2.3.12　555 定时器的功能

输　　入			输　　出	
$\overline{R_D}$	TH（u_{i1}）	$\overline{TR}$（u_{i2}）	u_o	V 状态
0	×	×	低	导通
1	$>(2/3)U_{CC}$	$>(1/3)U_{CC}$	低	导通
1	$<(2/3)U_{CC}$	$>(1/3)U_{CC}$	不变	不变
1	$<(2/3)U_{CC}$	$<(1/3)U_{CC}$	高	截止
1	$>(2/3)U_{CC}$	$<(1/3)U_{CC}$	高	截止

3）555 定时器的基本应用

555 定时器配合不同的外接电路可以构成多种应用电路，3 种典型的应用电路为施密特触发器、单稳态触发器和多谐振荡器。

（1）555 定时器构成施密特触发器。

施密特触发器具有两种稳态，一种稳态向另一种稳态的翻转取决于输入电压的大小，并且输入信号的最大值必须大于电路的上限阈值电压 U_{T+}，输入信号的最小值必须小于电路的下限阈值电压 U_{T-}。这种由输入电压大小决定触发器状态的方式称为电平触发。改变回差电压的大小可以改变输出信号的脉冲宽度。

用 555 定时器构成的施密特触发器电路结构如图 2.3.41 所示。在施密特触发器电路中，TH 端和 $\overline{TR}$ 端连接在一起作为电路的输入端 u_i；$\overline{R_D}$ 端与 U_{CC} 端接电源；CO 端通过一个 0.01μF 的电容接地；555 定时器的输出端作为电路的输出端 u_o。施密特触发器波形图如图 2.3.42 所示。

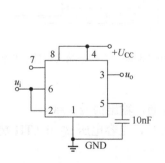

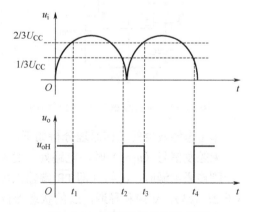

图 2.3.41　用 555 定时器构成的施密特触发器电路结构　　　　图 2.3.42　施密特触发器波形图

对于已知的输入信号，对施密特触发器输出信号 u_o 的波形分析如下。

在 u_i 由 0 开始增大的过程中，当 $0<u_i<U_{CC}/3$ 时，满足 TH 端输入电压小于 $2U_{CC}/3$，$\overline{TR}$

端输入电压小于 $U_{CC}/3$，此时 $u_o=1$（高电平），称此时电路处于第一稳态；当 $U_{CC}/3<u_i<2U_{CC}/3$ 时，满足 TH 端输入电压小于 $2U_{CC}/3$，$\overline{TR}$ 端输入电压大于 $U_{CC}/3$，输出信号 u_o 的状态保持不变，此时仍是 $u_o=1$。

当 u_i 继续增大至 $u_i>2U_{CC}/3$ 时，TH 端输入电压大于 $2U_{CC}/3$，$\overline{TR}$ 端输入电压大于 $U_{CC}/3$，此时 $u_o=0$（低电平），称电路处于第二稳态。电路的输出电压由 1 跳变到 0 时所对应的输入电压称为上限阈值电压 U_{T+}。$U_{T+}=2U_{CC}/3$。u_i 继续增加到最大后开始减小，当减小到 $U_{CC}/3<u_i<2U_{CC}/3$ 时，输出信号 u_o 的状态保持不变，此时 u_o 仍为 0。

当 u_i 继续减小至 $u_i<U_{CC}/3$ 时，$u_o=1$，电路重新处于第一稳态。输出电压由 0 跳变到 1 时所对应的输入电压称为施密特触发器的下限阈值电压 U_{T-}。$U_{T-}=U_{CC}/3$。回差电压为 $\Delta U_T=U_{T+}-U_{T-}$。

（2）555 定时器构成单稳态触发器。

单稳态触发器只有一种稳定状态，在没有触发信号输入时，电路处于稳定状态；在触发信号作用下，电路翻转到另一种状态，称为暂稳态。暂稳态经过一段时间后自动回到原来的稳定状态。

单稳态触发器的电路结构和工作波形分别如图 2.3.43 和图 2.3.44 所示。外接电阻 R 和电容 C 构成一个充电回路，电容 C 两端的电压 u_C 是 TH 端的输入信号，$u_{TH}=u_C$，$\overline{TR}$ 端的输入信号由外加输入信号 u_i 决定。

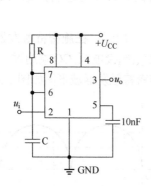

图 2.3.43　单稳态触发器的电路结构

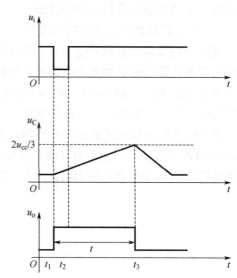

图 2.3.44　单稳态触发器的工作波形

单稳态触发器的工作原理分析如下。

无触发信号（$u_i=1$）时，电路处于稳态，V 饱和导通，输出信号 $u_o=0$。

刚接通电源时，$u_i=1$（即 $\overline{TR}$ 端输入电压大于 $U_{CC}/3$），电容电压 $u_C=0$（TH 端输入电压小于 $2U_{CC}/3$），V 饱和导通，u_o 的状态保持不变。

电源接通后，当输入端输入负脉冲 $u_i=0$（$\overline{TR}$ 端输入电压小于 $U_{CC}/3$）时，V 截止，$u_o=1$，电源 U_{CC} 对电容 C 充电，充电回路是 $U_{CC}\rightarrow R\rightarrow C\rightarrow$ 地。负脉冲触发完毕，仍使输入信号 u_i 回到 1 状态。随着充电过程的进行，电容两端的电压 u_C 不断增大，当 $u_C>2U_{CC}/3$ 时，电路输出低电平，$u_o=0$。V 重新饱和导通，同时为电容 C 提供一个放电回路，即 $U_{CC} \rightarrow R \rightarrow V \rightarrow$ 地。随着放电过程的进行，电容两端的电压 u_C 迅速减小，当 $u_C < 2U_{CC}/3$ 时，电路保持在 $u_o=0$ 的稳态不变，直到输入端下一个负脉冲的到来。输出脉冲的宽度 t_W 等于电路暂稳态维持的时间，即 $t_W=1.1\,RC$。

（3）555 定时器构成多谐振荡器。

多谐振荡器是一种无稳态电路，它只有两种暂稳态，其输出端自动产生矩形脉冲。

多谐振荡器的电路结构如图 2.3.45 所示，555 定时器外接电阻 R_1、R_2 和电容 C 构成多谐振荡器。TH 端和 $\overline{TR}$ 端接同一点，即 $u_{TH} = u_{\overline{TR}} = u_C$。

多谐振荡器的工作原理如下。

接通电源的瞬间 $u_{TH} = u_{\overline{TR}} = u_C = 0$，三极管 V 截止，多谐振荡器输出高电平，即 $u_o=1$，称为第一暂稳态。同时电源通过电阻 R_1、R_2 和电容 C 到地的回路为电容 C 充电。随着充电过程的进行，u_C 逐渐增大，在 $U_{CC}/3 < u_C < 2U_{CC}/3$ 时，触发器的状态保持不变；当 $u_C \geq 2U_{CC}/3$ 时，V 饱和导通，$u_o=0$，进入第二暂稳态。电容 C 的充电过程结束，由 V 经电阻 R_2、电容 C 到地构成放电回路。随着放电过程的进行，当 $u_C \leq U_{CC}/3$ 时，$u_o=1$，重新回到第一暂稳态，V 截止，电容 C 重新充电。第一暂稳态时间 T_1 由电容 C 的充电时间决定，第二暂稳态时间 T_2 由电容 C 的放电时间决定。$T_1 \approx 0.7(R_1+R_2)C$，$T_2 \approx 0.7R_2C$。输出矩形脉冲的振荡周期和振荡频率分别为

$$T = T_1+T_2 \approx 0.7(R_1+2R_2)C$$

$$f=1/T=1/[0.7(R_1+2R_2)C]$$

例 3：试用 555 定时器设计一个振荡频率为 1000Hz 的多谐振荡器。

解：取 $C=0.01\mu F$，$R_1 = R_2$，由 $f=1/T=1/[0.7(R_1+2R_2)C]$ 可知，$1000=1/(3R_1 \times 0.01 \times 10^{-6} \times 0.7)$，得 $R_1 \approx 48k\Omega$，因为 $R_1 = R_2$，所以用两个 47kΩ 的电阻与一个 2kΩ 的电位器串联。用 555 定时器实现的 1000Hz 多谐振荡器如图 2.3.46 所示。

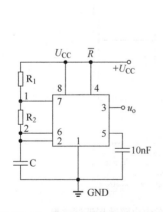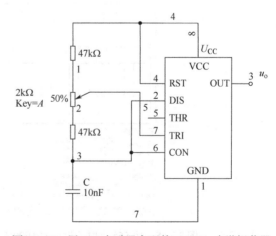

图 2.3.45　多谐振荡器的电路结构　　　图 2.3.46　用 555 定时器实现的 1000Hz 多谐振荡器

例 4：用 555 定时器设计 1000Hz 的脉冲信号发生电路并调试其波形。

①参数计算：取 $C=1nF$。

由 $f = \dfrac{1}{0.7(R_1 + 2R_2)C} = \dfrac{1}{2.1R_1C} = 1000$（Hz）得 $R_1C = \dfrac{1}{2.1 \times 1000} \approx 50 \times 10^{-5}$，于是可取 $R_2 = R_1 = 500$（kΩ）。

②连接电路，调试波形。用 555 定时器设计的 1000Hz 脉冲信号发生电路如图 2.3.47 所示，用 555 定时器设计的 1000Hz 脉冲信号发生电路波形调试结果如图 2.3.48 所示。

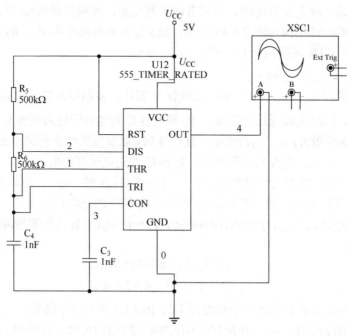

图 2.3.47　用 555 定时器设计的 1000Hz 脉冲信号发生电路

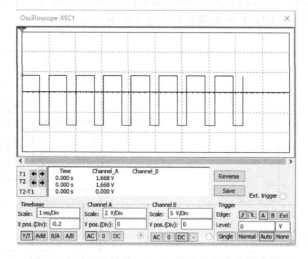

图 2.3.48　用 555 定时器设计的 1000Hz 脉冲信号发生电路波形调试结果

2.3.3　动动手

（1）用 555 定时器设计 2000Hz 的脉冲信号发生电路并调试其波形。

（2）将 2000Hz 的脉冲分频成 125Hz 的脉冲并调试其波形。

（3）设计 16 路流水彩灯，并用 125Hz 的脉冲触发，调试彩灯效果。

任务 2.3.4　用寄存器实现彩灯效果

1. 数码寄存器

数码寄存器是存放二进制码的电路，它由触发器构成。图 2.3.49 所示为 1 位数码寄存器，在存数指令的上升沿，将输入的数码 D_1 存入 D 触发器中，无论寄存器中原来的内容是什么，只要送数控制时钟脉冲 CP 上升沿到来，加在数据输入端的数据就立即被送进寄存器中。

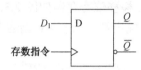

图 2.3.49　1 位数码寄存器

（1）单拍数码寄存器。

单拍 4 位数码寄存器如图 2.3.50 所示。无论寄存器中原来的内容是什么，只要送数控制时钟脉冲 CP 上升沿到来，加在并行数据输入端的数据 $D_1 \sim D_4$ 就立即被送进寄存器中，即 $Q_4^{n+1}Q_3^{n+1}Q_1^{n+1}Q_1^{n+1} = D_4D_3D_2D_1$。

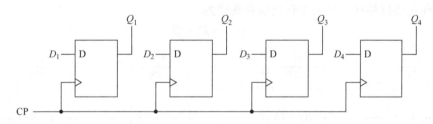

图 2.3.50　单拍 4 位数码寄存器

（2）双拍数码寄存器。

双拍 4 位数码寄存器如图 2.3.51 所示，它的工作方式有以下三种情况。

①清零。CR=0，异步清零，即 $Q_4^nQ_3^nQ_2^nQ_1^n = 0000$。

②送数。CR=1 时，CP 上升沿送数，即 $Q_4^{n+1}Q_3^{n+1}Q_2^{n+1}Q_1^{n+1} = D_4D_3D_2D_1$。

③保持。在 CR=1、CP 上升沿以外时间，寄存器内容保持不变。

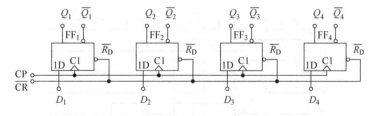

图 2.3.51　双拍 4 位数码寄存器

2. 移位寄存器

移位寄存器的逻辑功能：既能寄存数码，又能在时钟脉冲的作用下使数码向高位或低位移动。移位寄存器按移动方式的不同可分为单向移位寄存器和双向移位寄存器。其中，单向移位寄存器又分为左移移位寄存器和右移移位寄存器。

目前常用的移位寄存器种类很多。例如，74164、74165、74166 均为八位单向移位寄存器，74195 为四位单向移位寄存器，74194 为四位双向移位寄存器，74198 为八位双向移位寄存器。

（1）左移移位寄存器。

由四级 D 触发器组成的四位左移移位寄存器如图 2.3.52 所示。第一级 D 触发器接输入信号 u_i，其余触发器输入端接前级输出端，所有 CP 端连在一起接输入移存脉冲，属于同步工作方式。特征方程为

$$Q_1^{n+1} = D_1 = u_i \cdot CP\uparrow$$
$$Q_2^{n+1} = D_2 = Q_1 \cdot CP\uparrow$$
$$Q_3^{n+1} = D_3 = Q_2 \cdot CP\uparrow$$
$$Q_4^{n+1} = D_4 = Q_3 \cdot CP\uparrow$$

在移存脉冲的作用下，输入信息的当前数码存入第一级触发器，第一级触发器的状态存入第二级触发器，依次类推，高位触发器存入低位触发器状态，实现了输入数码在移存脉冲的作用下向左逐位移存。移位寄存器移存规律为

$$Q_i^{n+1} = D_i = Q_{i-1}$$

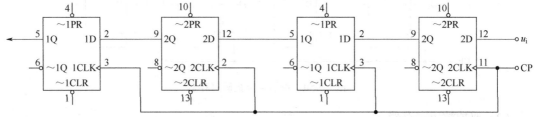

图 2.3.52　由四级 D 触发器组成的四位左移移位寄存器

例 5： 假定寄存器初态为 0，u_i=1101 串行送入寄存器输入。输入为 1101 时的四位左移移位寄存器波形图如图 2.3.53 所示。输入信号每经过一级触发器，都移动一个移存周期，但波形保持不变。

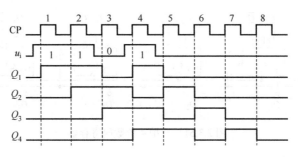

图 2.3.53　输入为 1101 时的四位左移移位寄存器波形图

（2）右移移位寄存器。

由四级 D 触发器组成的四位右移移位寄存器如图 2.3.54 所示。

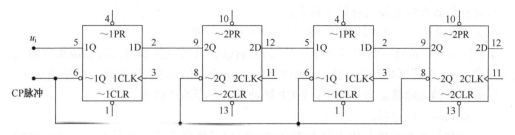

图 2.3.54　由四级 D 触发器组成的四位右移移位寄存器

驱动方程为

$$D_4 = D_i$$
$$D_3 = Q_4^n$$
$$D_2 = Q_3^n$$
$$D_1 = Q_2^n$$

状态方程是

$$Q_4^{n+1} = u_i$$
$$Q_3^{n+1} = Q_4^n$$
$$Q_2^{n+1} = Q_3^n$$
$$Q_1^{n+1} = Q_2^n$$

例 6：设分别输入 1101，则四位右移移位寄存器的状态变化如表 2.3.13 所示，波形图如 2.3.55 所示。

表 2.3.13　四位右移移位寄存器的状态变化

输入		现态	次态				说明
u_i	CP	$Q_4^n Q_3^n Q_2^n Q_1^n$	Q_4^{n+1}	Q_3^{n+1}	Q_2^{n+1}	Q_1^{n+1}	
1	↑	0　0　0　0	1	0	0	0	输入
1	↑	1　0　0　0	1	1	0	0	
0	↑	1　1　0　0	0	1	1	0	1101
1	↑	0　1　1　0	1	0	1	1	

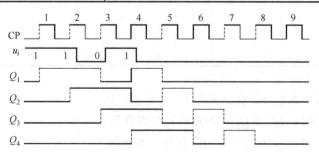

图 2.3.55　例 6 波形图

在 4 个 CP 脉冲作用下，输入的 4 位串行数码 1101 全部存入了寄存器中。这种方式称为串行输入。将寄存器中的 4 位数码 1101 输出，这种方式称为并行输出。

单向移位寄存器主要具有以下特点。

①其中的数码在 CP 脉冲作用下可以依次右移或左移。

②n 位单向移位寄存器可以寄存 n 位二进制代码。n 个 CP 脉冲即可完成串行输入，此后可从 $Q_1 \sim Q_n$ 端获得并行的 n 位二进制数码，用 n 个 CP 脉冲又可实现串行输出操作。

③若串行输入端状态为 0，则 n 个 CP 脉冲后，寄存器被清零。

（3）双向移位寄存器。

在单向移位寄存器的基础上加左右移位控制信号使寄存器同时具有左移和右移功能就构成了双向移位寄存器。

3. 集成移位寄存器及其应用

4 位双向移位寄存器 74LS194 如图 2.3.56 所示，其功能表如表 2.3.14 所示。

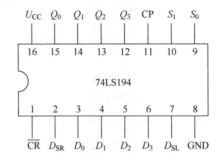

图 2.3.56　4 位双向移位寄存器 74LS194

表 2.3.14　74LS194 功能表

序号	输入										输出			
---	清零	使能		串行输入		时钟	并行输入							
		S_0	S_1	D_{SL}	D_{SR}	CP	D_0	D_1	D_2	D_3	Q_0	Q_1	Q_2	Q_3
1	0	×	×	×	×	×	×	×	×	×	0	0	0	0
2	1	×	×	×	×	0	×	×	×	×				
3	1	1	1	×	×	↑	d_0	d_1	d_2	d_3	d_0	d_1	d_2	d_3
4	1	1	0	×	1	↑	×	×	×	×	1			
5	1	1	0	×	0	↑	×	×	×	×	0			
6	1	0	1	1	×	↑	×	×	×	×				1
7	1	0	1	0	×	↑	×	×	×	×				0
8	1	0	0	×	×	×	×	×	×	×				

输出为 $Q_1^{n+1} = \overline{R} = \overline{S_0}Q_2^n + \overline{S_1}Q_0^n + S_0 S_1 D_1$。

当 $S_0=0$、$S_1=1$ 时，$Q_1^{n+1} = Q_2^n$，为左移移位寄存器。

当 $S_0=1$、$S_1=0$ 时，$Q_1^{n+1} = Q_0^n$，为右移移位寄存器。

当 $S_0=1$、$S_1=1$ 时，$Q_1^{n+1} = D_1$，具有并行存入功能。

当 $S_0=0$、$S_1=0$ 时，CP 不能输入（被封锁），触发器状态保持不变，寄存器具有保持功能。

例 7：设计一个 3 路彩灯控制电路，要求 3 盏灯依次点亮后又依次熄灭，反复循环这个过程，3 路彩灯效果如图 2.3.57 所示。

设计思路：对照设计要求，三盏灯依次点亮相当于三级右移寄存，所以考虑用 3 个 D 触发器级联成三级右移寄存器；另外，依次点亮后要依次熄灭，结合 D 触发器有两个互为相反的输出端，只要把反向输出端回送到第一级输入端，就可以实现熄灭状态的右移。3 路彩灯参考电路如图 2.3.58 所示。

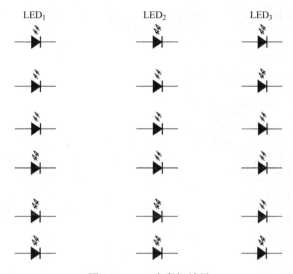

图 2.3.57　3 路彩灯效果

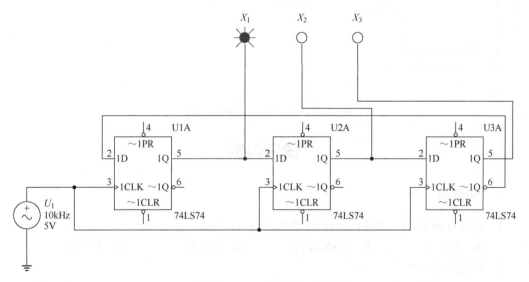

图 2.3.58　3 路彩灯参考电路

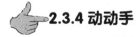**2.3.4 动动手**

（1）设计一个灯光控制电路，要求用彩色灯光依次点亮字母 H、E、L、

L、O，然后依次熄灭。

（2）调试 74LS194 的功能。74LS194 功能调试电路如图 2.3.59 所示。

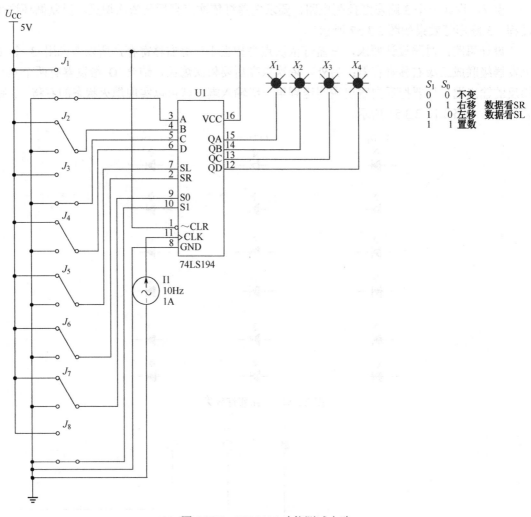

图 2.3.59　74LS194 功能测试电路

课后自测

一、单选题

1．能够存储 0、1 二进制信息的元器件是（　　　）。

　　A．TTL 门　　　　　B．CMOS 门　　　　　C．触发器　　　　　D．译码器

2．触发器是一种（　　　）。

　　A．双稳态电路　　　B．单稳态电路　　　C．无稳态电路　　　D．三稳态电路

3．下列触发器中，输入信号直接控制输出状态的是（　　　）。

　　A．基本 RS 触发器　　　　　　　　　B．钟控 RS 触发器

　　C．主从 JK 触发器　　　　　　　　　D．维持—阻塞 D 触发器

4．使触发器的状态变化分两步完成的触发方式是（　　　）。

    A．主从触发方式　　　　　　　　　　　B．边沿触发方式

    C．电平触发方式　　　　　　　　　　　D．维持—阻塞触发方式

5．时钟触发器产生空翻现象的原因是采用了（　　　）。

    A．主从触发方式　　　　　　　　　　　B．边沿触发方式

    C．电平触发方式　　　　　　　　　　　D．维持—阻塞触发方式

6．下列触发器中，存在一次变化问题的是（　　　）。

    A．基本 RS 触发器　　　　　　　　　　B．主从 JK 触发器

    C．主从 RS 触发器　　　　　　　　　　D．维持　阻塞 D 触发器

7．在 RS 触发器中，不允许的输入是（　　　）。

    A．$RS=00$　　　　B．$RS=01$　　　　C．$RS=10$　　　　D．$RS=11$

8．下列触发器中，具有置 0、置 1、保持、翻转功能的是（　　　）。

    A．RS 触发器　　　　B．T 触发器　　　　C．JK 触发器　　　　D．D 触发器

9．当输入信号 $J=K=1$ 时，JK 触发器所具有的功能是（　　　）。

    A．置 1　　　　　　B．置 0　　　　　　C．保持　　　　　　D．翻转

二、填空题

1．触发器是双稳态触发器的简称，它由逻辑门加上适当的_____线耦合而成，具有两个互补的输出端 Q 和 $\overline{Q}$。

2．双稳态触发器有两种基本性质，一是_____，二是_____。

3．由与非门构成的基本 RS 触发器，正常工作时必须保证输入信号 R、S 中至少有一个为_____，即必须满足_____约束条件。

4．触发器有两个输出端 Q 和 $\overline{Q}$，正常工作时 Q 端和 $\overline{Q}$ 端的状态_____，用_____端的状态表示触发器的状态。

5．触发器按结构形式的不同可分为两大类：一类是没有时钟控制端的_____触发器；另一类是具有时钟控制端的_____触发器。

6．触发器按逻辑功能可以分为 RS 触发器、_____触发器、_____触发器和_____触发器。

7．钟控触发器也称同步触发器，其状态的变化不仅取决于_____信号的变化，还取于_____信号的作用。

8．钟控触发器按结构和触发方式可分为有电平触发器、_____触发器、_____触发器和主从触发器。

9．负边沿触发器状态的变化发生在 CP 的_____，在 CP 的其他期间触发器保持原态。

10．主从触发器具有主从结构，工作在_____方式，从而有效地避免了电平式触发器在一个 CP 期间的多次翻转问题。

三、思考设计题

1．设计一个 3 路彩灯控制电路，3 盏灯依次点亮后又依次熄灭，反复循环这个过程。3 路彩灯效果如图 2.3.60 所示。

2．用 D 触发器设计八进制计数器。八进制计数器效果如图 2.3.61 所示。

八进制计数器参考电路如图 2.3.62 所示。

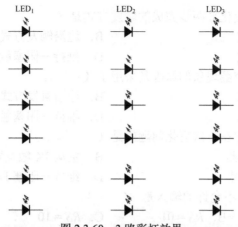

图 2.3.60　3 路彩灯效果

图 2.3.61　八进制计数器效果

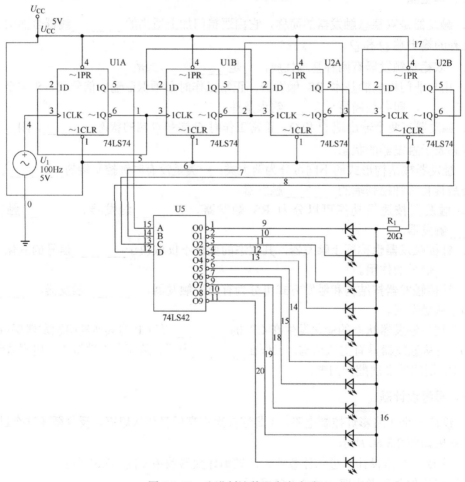

图 2.3.62　八进制计数器参考电路

3. 设计 10 路流水彩灯，要求 10 路灯依次轮流点亮，对应参考电路如图 2.3.63 所示。

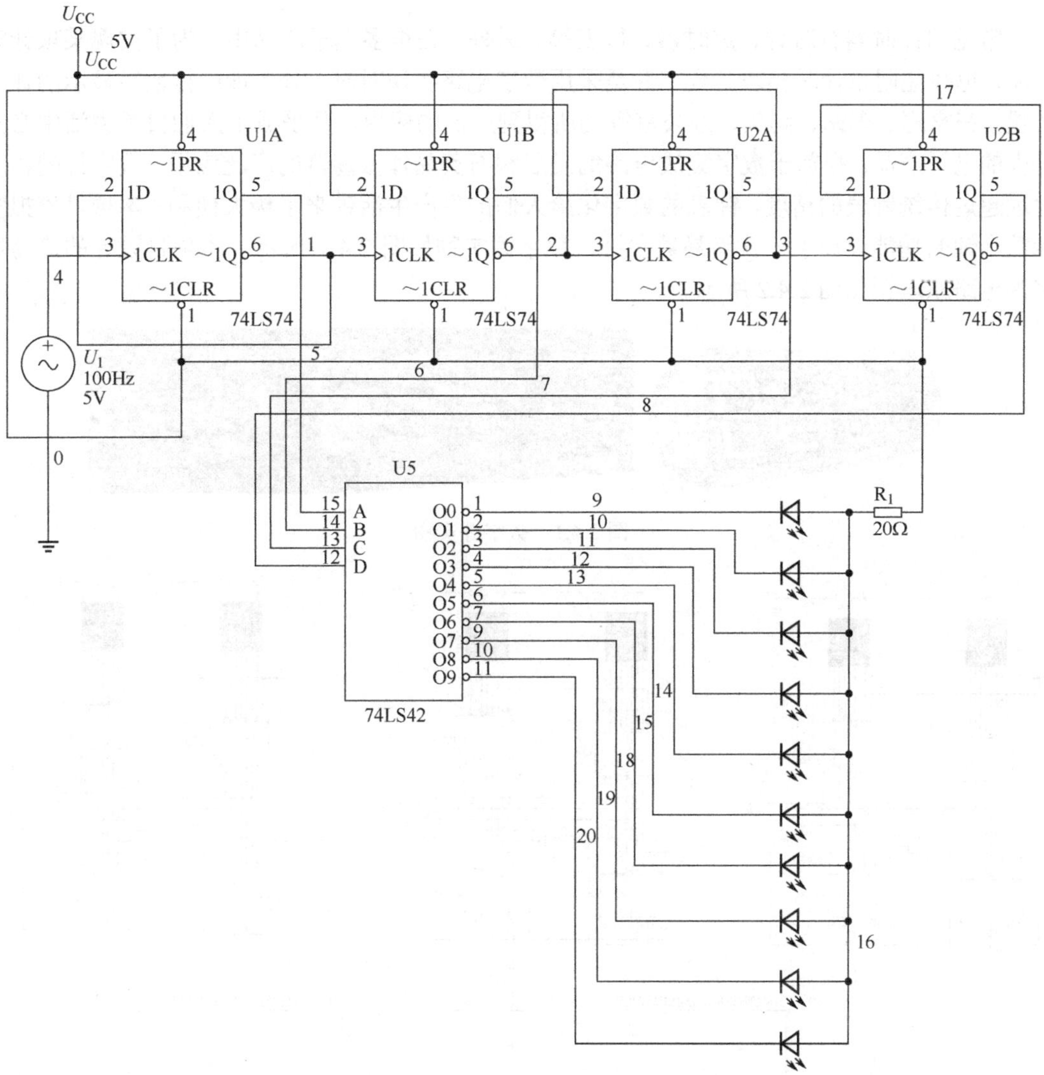

图 2.3.63　10 路流水彩灯参考电路

项目 2.4　简易数字钟的分析与调试

↘ 学习目标

能力目标：会识别和测试常用计数器集成芯片；会用石英晶体振荡器和 555 定时器设计调试 1Hz 秒脉冲触发电路；能用常用集成计数器芯片设计并调试十进制计数器、二十四进制计数器、六十进制计数器。

知识目标：掌握常用计数器的功能及基本应用设计。

 **项目背景**

　　常见的计时器有时钟、定时器、秒表等。另外，在很多电子产品中，为了实现某项计时功能，也往往附带计时模块。数字钟是采用数字电路实现对时、分、秒进行数字显示的计时装置，在家庭、车站、码头、办公室等场所得到广泛的应用，几乎成了人们日常生活中必不可少的电子产品。得益于数字集成电路的发展和石英晶体振荡器的广泛应用，数字钟的精度远远超过传统钟表的精度，钟表的数字化给人们的生产生活带来了极大便利。本项目模拟实际数字钟的功能设计了一款简易数字钟，数字钟实物如图 2.4.1 所示。本项目设计的简易数字钟电路原理图如图 2.4.2 所示。

图 2.4.1　数字钟实物

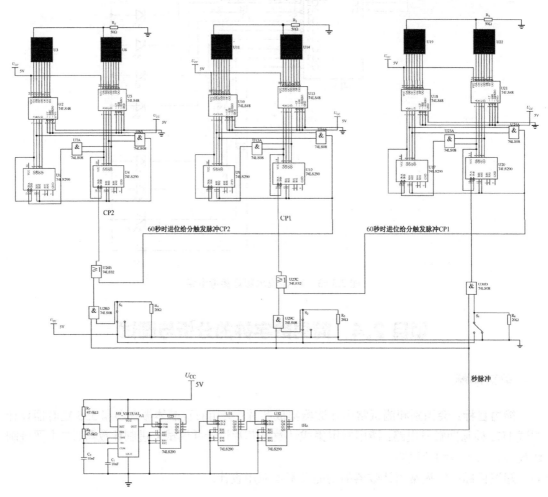

图 2.4.2　本项目设计的简易数字钟电路原理图

任务 2.4.1　时序逻辑电路的分析与设计

时序逻辑电路某一给定时刻的输出不仅取决于该时刻电路的输入，还取决于前一时刻电路的状态。

1）时序逻辑电路的基本概念

时序逻辑电路的基本结构框图如图 2.4.3 所示。

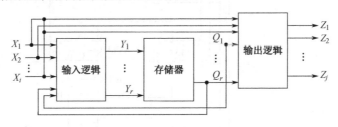

图 2.4.3　时序逻辑电路的基本结构框图

由图 2.4.3 可知，输出方程是 $Z = F_1(X, Q^n)$，驱动方程是 $Y = F_2(X, Q^n)$，状态方程是 $Q^{n+1} = F_3(Y, Q^n)$。

时序逻辑电路的特点：由组合电路与触发器构成；电路的状态与时间顺序有关。

时序逻辑电路分为同步时序逻辑电路（各触发器由同一时钟脉冲触发）和异步时序逻辑电路（各触发器触发脉冲不相同）。时序逻辑电路功能的描述方法有逻辑方程式、状态图、状态表、波形图等。

2）时序逻辑电路的分析

已知逻辑电路图，求其输出 Z 的变化规律，以及电路状态 Q 的转换规律，从而说明时序逻辑电路的逻辑功能和工作特性。时序逻辑电路分析的一般步骤如图 2.4.4 所示。

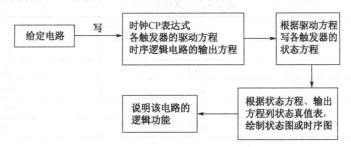

图 2.4.4　时序逻辑电路分析的一般步骤

例 1：分析如图 2.4.5 所示的时序逻辑电路。

①写出时序逻辑电路的各逻辑方程式。

驱动方程为

$$J_1 = K_1 = 1, \quad J_2 = K_2 = X \oplus Q_1^n$$

输出方程为

$$Z = \overline{\overline{X \overline{Q_1^n} \overline{Q_2^n}} \cdot \overline{\overline{X} Q_1^n Q_2^n}} = X \overline{Q_1^n} \overline{Q_2^n} + \overline{X} Q_1^n Q_2^n$$

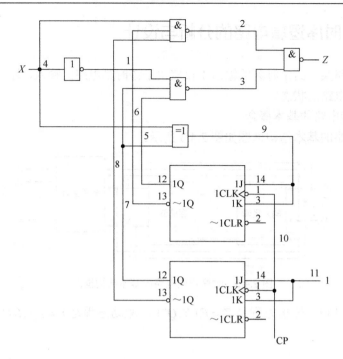

图 2.4.5　时序逻辑电路

②将驱动方程代入 JK 触发器特征方程，得到状态方程为

$$Q_2^{n+1} = (X \oplus Q_1^n)\overline{Q_2^n} + \overline{(X \oplus Q_1^n)}Q_2^n$$

$$Q_1^{n+1} = 1 \cdot \overline{Q_1^n} + \overline{1} \cdot Q_1^n = \overline{Q_1^n}$$

③列出真值表，如表 2.4.1 所示。画出状态图，如图 2.4.6 所示。

表 2.4.1　真值表（一）

现态 $Q_2^n Q_1^n$	次态 $Q_2^{n+1} Q_1^{n+1}$ / 输出 Z	
	X=0	X=1
00	10/0	11/1
01	10/0	00/0
10	11/0	01/0
11	00/1	10/0

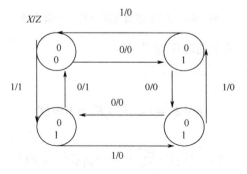

图 2.4.6　状态图

④电路的逻辑功能分析：由状态转移图可知，该电路是一个二进制可逆计数器。

例 2：分析如图 2.4.7 所示的异步时序逻辑电路的逻辑功能。

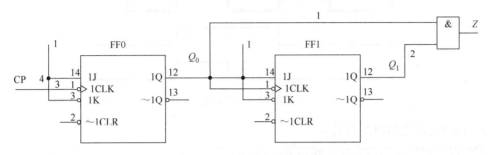

图 2.4.7　异步时序逻辑电路

①写出异步时序逻辑电路的各逻辑方程式。

时钟方程为

$$CP_0 = CP \ , \quad CP_1 = Q_0^n$$

驱动方程为

$$J_0 = K_0 = 1 , \quad J_1 = K_1 = 1$$

输出方程为

$$Z = Q_1^n Q_0^n$$

②将驱动方程代入 JK 触发器特征方程，得到状态方程为

$$Q_0^{n+1} = \overline{Q_0^n} \text{（CP 由 1→0 时有效）}, \quad Q_0^{n+1} = \overline{Q_0^n} \text{（} Q_0^n \text{ 由 1→0 时有效）}$$

③列出真值表（难点），如表 2.4.2 所示。画出状态转换图，如图 2.4.8 所示。画出波形图，如图 2.4.9 所示。

表 2.4.2　真值表（二）

现态 $Q_1^n Q_0^n$	次态 $Q_1^{n+1} Q_0^{n+1}$	FF0 CP$_0$=CP	FF1 CP$_1$= Q_0^n	输出 Z
00	01	↓	↑	0
01	10	↓	↓	0
10	11	↓	↑	0
11	00	↓	↓	1

图 2.4.8　状态转换图

④电路的逻辑功能分析：由状态图或时序图可知，在 CP 脉冲作用下，Q_1Q_0 从 00 到 11 递增，每经过 4 个 CP 脉冲作用后，Q_1Q_0 循环一次。同时在输出端产生一个进位输出脉冲 Z。由此可见，该电路是一个四进制加计数器。

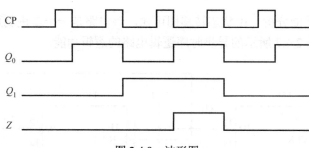

图 2.4.9　波形图

3）同步时序逻辑电路的设计

同步时序逻辑电路的设计步骤如下。

（1）根据给定的逻辑功能绘制出原始状态图（逻辑抽象）（难点）。

①分析电路的输入条件和输出要求，确定输入变量、输出变量及该电路应包含的状态，并用 S_0、S_1、… 表示这些状态。

②分别以上述状态为现态，确定在每一个可能的输入组合作用下应转移到哪个状态及相应的输出，即可求出原始状态图。

（2）状态化简：对原始状态图进行化简，合并等效状态，使设计出的电路得到简化。

（3）状态编码，并画出编码后的状态图和状态表。采用的状态编码方案不同，最终得到的电路形式也不同。

（4）选择触发器的类型及个数。触发器的个数 n 应满足 $n \geqslant \log_2 M$，M 为状态的数目。

（5）求出电路的输出方程和各触发器的驱动方程。

（6）画出电路的逻辑电路图，并检查自启动能力。

例 3：试设计一个同步 8421 码的十进制加法计数器，采用 JK 触发器实现。

解：根据设计要求，该电路没有输入信号，有一个输出信号 Z，表示进位信号。可直接得到状态图，如图 2.4.10 所示。

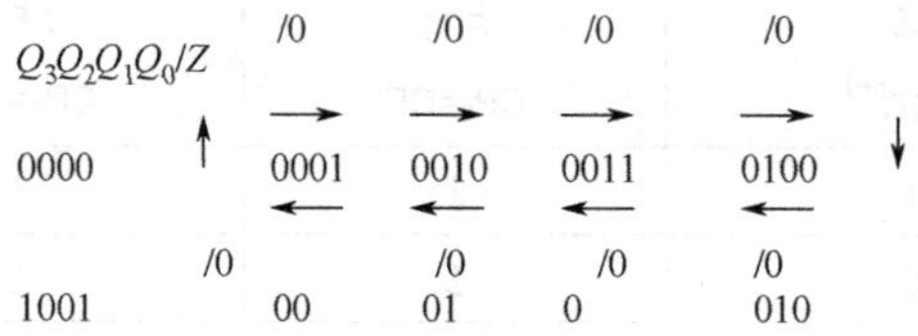

$Q_3Q_2Q_1Q_0/Z$

| | /0 | /0 | /0 | /0 |

0000 ↑　0001 → 0010 → 0011 → 0100 ↓

/0　　/0　　/0　　/0

1001 ← 00 ← 01 ← 0 ← 010

图 2.4.10　状态图

根据此状态图得到相应的输出方程、总态卡诺图（见图 2.4.11）和次态卡诺图（见图 2.4.12）。

$$Z = Q_3^n Q_0^n$$

<table>
<tr><td rowspan="2"></td><td rowspan="2"></td><td colspan="4" align="center">$Q_3^n Q_2^n$</td></tr>
<tr><td>00</td><td>01</td><td>11</td><td>10</td></tr>
<tr><td rowspan="4">$Q_1^n Q_0^n$</td><td>00</td><td>0001</td><td>0101</td><td>××××</td><td>1001</td></tr>
<tr><td>01</td><td>0010</td><td>0110</td><td>××××</td><td>0000</td></tr>
<tr><td>11</td><td>0100</td><td>1000</td><td>××××</td><td>××××</td></tr>
<tr><td>10</td><td>0011</td><td>0111</td><td>××××</td><td>××××</td></tr>
</table>

图 2.4.11　总态卡诺图

	$Q_3^n Q_2^n$			
$Q_1^n Q_0^n$	00	01	11	10
00	0	0	×	1
01	0	0	×	0
11	0	1	×	×
10	0	0	×	×

	$Q_3^n Q_2^n$			
$Q_1^n Q_0^n$	00	01	11	10
00	0	1	×	0
01	0	1	×	0
11	1	0	×	×
10	0	1	×	×

图 2.4.12 次态卡诺图

根据卡诺图可得状态方程为

$$Q_3^{n+1} = Q_2^n Q_1^n Q_0^n \cdot \bar{Q}_3^n + \bar{Q}_0^n \cdot Q_3^n$$

$$Q_2^{n+1} = \bar{Q}_2^n Q_1^n Q_0^n + Q_2^n \bar{Q}_1^n + Q_2^n \bar{Q}_0^n = Q_1^n Q_0^n \cdot \bar{Q}_2^n + \overline{Q_1^n Q_0^n} \cdot Q_2^n$$

$$Q_1^{n+1} = \bar{Q}_3^n Q_0^n \cdot \bar{Q}_1^n + \bar{Q}_0^n \cdot Q_1^n$$

$$Q_0^{n+1} = \bar{Q}_0^n = 1 \cdot \bar{Q}_0^n + \bar{1} \cdot Q_0^n$$

根据上述状态方程可得各触发器的驱动方程为

$$\begin{cases} J_0 = K_0 = 1 \\ J_1 = \bar{Q}_3^n Q_0^n, \ K_1 = Q_0^n \\ J_2 = K_2 = Q_1^n Q_0^n \\ J_3 = Q_2^n Q_1^n Q_0^n, \ K_3 = Q_0^n \end{cases}$$

根据上述驱动方程即可得到十进制加法计数器的逻辑电路图，如图 2.4.13 所示。将无效状态 1010～1111 分别代入状态方程进行计算，可以验证在 CP 脉冲作用下都能回到有效状态，因此该电路能够实现自启动。

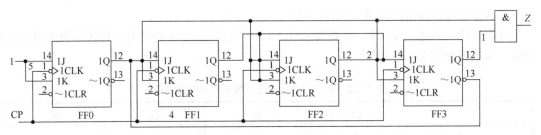

图 2.4.13 十进制加法计数器的逻辑电路图

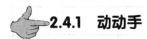

2.4.1　动动手

（1）分析并调试如图 2.4.14 所示时序逻辑电路（一）的逻辑功能。

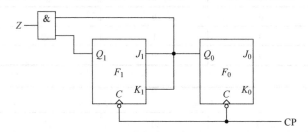

图 2.4.14　时序逻辑电路（一）

（2）分析并调试如图 2.4.15 的所示时序逻辑电路（二）逻辑功能。

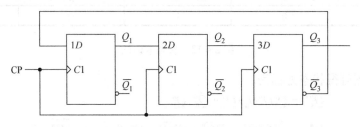

图 2.4.15　时序逻辑电路（二）

（3）用 D 触发器设计一个可逆四进制计数器，即电路有一个输入控制端 X，当 $X=0$ 时，为加法计数器；当 $X=1$ 时，为减法计数器。

任务 2.4.2　集成计数器的识别与应用

在数字电路中，能够记忆输入脉冲个数的电路称为计数器。计数器按步长可分为二进制计数器、十进制计数器和 N 进制计数器；按计数增减趋势可分为加法计数器、减法计数器和可逆计数器；按计数器中各触发器的翻转是否同步可分为同步计数器和异步计数器。二进制计数器是按二进制计数进位规律进行计数的计数器。

1．4 位二进制计数器

1）4 位二进制加法计数器的计数规律

计数规律：每来一个 CP，计数器加 1。4 位二进制加法计数器的计数规律表如表 2.4.3 所示，其波形如图 2.4.16 所示。

表 2.4.3　4 位二进制加法计数器的计数规律表

CP	Q_3	Q_2	Q_1	Q_0
0	0	0	0	0
1	0	0	0	1

续表

CP	Q_3	Q_2	Q_1	Q_0
2	0	0	1	0
3	0	0	1	1
4	0	1	0	0
5	0	1	0	1
6	0	1	1	0
7	0	1	1	1
8	1	0	0	0
9	1	0	0	1
10	1	0	1	0
11	1	0	1	1
12	1	1	0	0
13	1	1	0	1
14	1	1	1	0
15	1	1	1	1
16	0	0	0	0

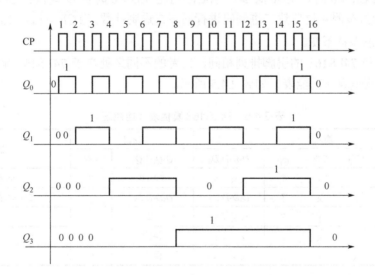

图 2.4.16 4 位二进制加法计数器的波形图

2）4 位同步二进制加法计数器

（1）74LS161（异步清零）/74LS163（同步清零）。

74LS161 的引脚排列图和逻辑功能示意图如图 2.4.17 所示，74LS161 的真值表（功能表）如表 2.4.4 所示。

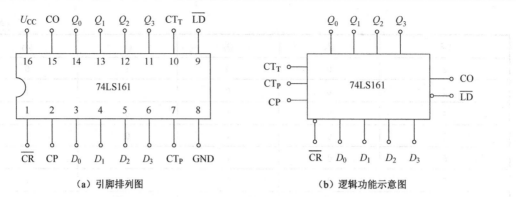

（a）引脚排列图　　　　　　　　　　　（b）逻辑功能示意图

图 2.4.17　74LS161 的引脚排列图和逻辑功能示意图

表 2.4.4　74LS161 的真值表（功能表）

输入						输出		说明
$\overline{CR}$	$\overline{LD}$	CT_P	CT_T	CP	$D_3D_2D_1D_0$	$Q_3Q_2Q_1Q_0$	CO	
0	×	×	×	×	××××	0000	0	异步置零
1	0	×	×	↑	$D_3D_2D_1D_0$	$D_3D_2D_1D_0$		$CO = CT_T Q_3 Q_2 Q_1 Q_0$
1	1	1	1	↑	××××	计数		$CO = Q_3 Q_2 Q_1 Q_0$
1	1	0	×	×	××××	保持		$CO = CT_T Q_3 Q_2 Q_1 Q_0$
1	1	×	1	×	××××	保持	0	

　　说明：当 $\overline{CR}=0$ 时，异步清零；当 $\overline{CR}=1$ 且 $\overline{LD}=0$ 时同步置数；当 $\overline{CR}=\overline{LD}=1$ 且 $CT_P = CP_P = 1$ 时，按照 4 位自然二进制码进行同步二进制计数；当 $\overline{CR}=\overline{LD}=1$ 且 $CT_P \cdot CP_P = 0$ 时，计数器状态保持不变。

　　74LS163 和 74LS161 的引脚排列相同，二者的不同之处在于 74LS163 采用同步清零方式。74LS163 真值表（功能表）如表 2.4.5 所示。

表 2.4.5　74LS163 真值表（功能表）

输入						输出		说明
$\overline{CR}$	$\overline{LD}$	CT_P	CT_T	CP	$D_3D_2D_1D_0$	$Q_3Q_2Q_1Q_0$	CO	
0	×	×	×	↑	××××	0000	0	同步置零
1	0	×	×	↑	$D_3D_2D_1D_0$	$D_3D_2D_1D_0$		$CO = CT_T Q_3 Q_2 Q_1 Q_0$
1	1	1	1	↑	××××	计数		$CO = Q_3 Q_2 Q_1 Q_0$
1	1	0	×	×	××××	保持		$CO = CT_T Q_3 Q_2 Q_1 Q_0$
1	1	×	1	×	××××	保持	0	

　　（2）双 4 位集成二进制同步加法计数器 CC4520。

　　CC4520 的引脚排列图和逻辑功能示意图如图 2.4.18 所示。

　　说明：当 CR=1 时，异步清零；当 CR=0 且 EN=1 时，在 CP 脉冲上升沿作用下进行加法计数；当 CR=0 且 CP=0 时，在 EN 脉冲下降沿作用下进行加法计数；当 CR=0 且 EN=0，或者 CR=0 且 CP=1 时，计数器状态保持不变。

　　（3）4 位集成二进制可逆计数器 74LS191/74LS193。

　　74LS191 的引脚排列图和逻辑功能示意图如图 2.4.19 所示。

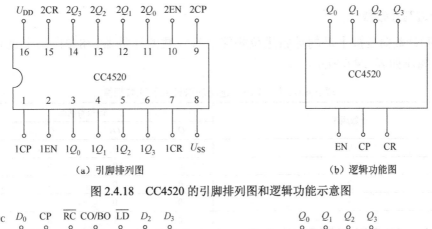

（a）引脚排列图　　　　　　　　　　　　　　（b）逻辑功能图

图 2.4.18　CC4520 的引脚排列图和逻辑功能示意图

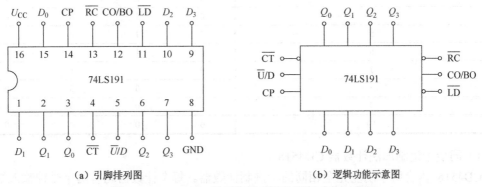

（a）引脚排列图　　　　　　　　　　　　　　（b）逻辑功能示意图

图 2.4.19　74LS191 的引脚排列图和逻辑功能示意图

说明：$\overline{U}/D$ 是加减计数控制端；$\overline{\text{CT}}$ 是使能端；$\overline{\text{LD}}$ 是异步置数控制端；$D_0 \sim D_3$ 是并行数据输入；$Q_0 \sim Q_3$ 是计数器状态输出；CO/BO 是进位借位信号输出端；$\overline{\text{RC}}$ 是多个芯片级联时级间串行计数使能端，当 $\overline{\text{CT}}=0$。CO/BO＝1 时，$\overline{\text{RC}}=\text{CP}$，由 $\overline{\text{RC}}$ 端产生的输出进位脉冲的波形与输入计数脉冲的波形相同。

74LS193 的引脚排列图和逻辑功能示意图如图 2.4.20 所示。

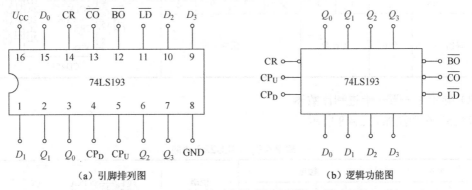

（a）引脚排列图　　　　　　　　　　　　　　（b）逻辑功能图

图 2.4.20　74LS193 的引脚排列图和逻辑功能示意图

说明：CR 是异步清零端，高电平有效；$\overline{\text{LD}}$ 是异步置数端，低电平有效；CP_U 是加法计数脉冲输入端；CP_D 是减法计数脉冲输入端；$D_0 \sim D_3$ 是并行数据输入；$Q_0 \sim Q_3$ 是计数器状态输出；$\overline{\text{CO}}$ 是进位脉冲输出端；$\overline{\text{BO}}$ 是借位脉冲输出端；当需要将多个 74LS193 级联时，只需要把低位的 $\overline{\text{CO}}$ 端、$\overline{\text{BO}}$ 端分别与高位的 CP_U、CP_D 连接起来，各个芯片的 CR 端连接在一起，$\overline{\text{LD}}$ 端连接在一起。

2. 十进制计数器

十进制计数器是按十进制计数进位规律进行计数的计数器。8421 码十进制加法计数器计数规律如表 2.4.6 所示。

表 2.4.6　8421 码十进制加法计数器计数规律

计数顺序	计数器状态			
	Q_3	Q_2	Q_1	Q_0
0	0	0	0	0
1	0	0	0	1
2	0	0	1	0
3	0	0	1	1
4	0	1	0	0
5	0	1	0	1
6	0	1	1	0
7	0	1	1	1
8	1	0	0	0
9	1	0	0	1
10	0	0	0	0

1）同步十进制加法计数器 CD4518

CD4518 内含两个功能完全相同的十进制计数器。每个计数器均有两个时钟输入端 CP 和 EN。时钟上升沿触发，CP 输入，EN 置高电平；时钟下降沿触发，EN 输入，CP 置低电平。CR 为清零端，高电平有效。CD4518 功能如表 2.4.7 所示。

表 2.4.7　CD4518 功能

输入	CR	1	0	0	0	0	0	0
	CP	×	↑	0	↓	↓	↑	1
	EN	×	1	↓	×	↑	0	↓
输出		全 0	加计数		保持			

CD4518（引脚图）：CP 1 1CLK，EN 2 ~1CLK，CR 7 1RST，CP 9 2CLK，EN 10 ~2CLK，CR 15 2RST，VSS 8；VDD 16，Q_0 3，1A 4，1B 5，1C 6，1D 11，Q_0 12，2A 13，2B 14，2C，2D；Q_0 Q_1 Q_2 Q_3

2）异步二—五—十进制计数器

74LS290 功能如表 2.4.8 所示。

表 2.4.8　74LS290 功能

输入			输出				说明
$R_{0A}.R_{0B}$	$S_{9A}.S_{9B}$	CP	Q_3	Q_2	Q_1	Q_0	
1	0	×	0	0	0	0	置 0
0	1	×	1	0	0	1	置 9
0	1	↓	计数				

74LS290（引脚图）：CP_0 10 INA，CP_1 11 INB，R_{0A} 12 R01，R_{0B} 13 R02，S_{9A} 1 R91，S_{9B} 3 R92，GND 7 GND；VCC 14，OA 9，OB 5，OC 4，OD 8；Q_0 Q_1 Q_2 Q_3

说明：当 $R_0=R_{0A} \cdot R_{0B}=1$，$S_9=S_{9A} \cdot S_{9B}=0$ 时，计数器异步置 0；当 $S_9=S_{9A} \cdot S_{9B}=1$，$R_0=R_{0A} \cdot R_{0B}=0$ 时，计数器异步置 9；当 $R_{0A} \cdot R_{0B}=0$ 且 $S_{9A} \cdot S_{9B}=0$ 时，在时钟下降沿进行计数。

（1）二进制计数：将计数脉冲由 CP_0 端输入，由 Q_0 端输出。74LS290 二进制计数如图 2.4.21 所示。

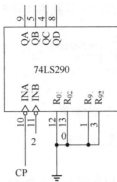

CP_0	Q_0
0	0
1	1
2	0

图 2.4.21　74LS290 二进制计数

（2）五进制计数：将计数脉冲由 CP_1 端输入，由 Q_3、Q_2、Q_1 端输出。74LS290 五进制计数如图 2.4.22 所示。

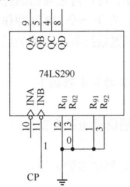

计数顺序	计数器状态
CP_1	$Q_3Q_2Q_1$
0	000
1	001
2	010
3	011
4	100
5	000

图 2.4.22　74LS290 五进制计数

（3）8421BCD 码十进制计数：将 Q_0 端与 CP_1 端相连，计数脉冲 CP 由 CP_0 端输入。74LS290 十进制计数如图 2.4.23 所示。

计数	计数器状态
顺序	$Q_3Q_2Q_1Q_0$
0	0000
1	0001
2	0010
3	0011
4	0100
5	0101
6	0110
7	0111
8	1000
9	1001
10	0000

图 2.4.23　74LS290 十进制计数

3. N 进制计数器

利用现有的成品计数器外加适当的电路可以构成任意进制计数器。在用 M 进制集成计数器构成 N 进制计数器时，如果 $M>N$，则只需要一个 M 进制计数器；如果 $M<N$，则需要多个 M 进制计数器。用级联（相当于串行进位）法实现 N 进制计数器（异步）如图 2.1.24 所示。

$$N=M_1 \times M_2$$

图 2.4.24　用级联法实现 N 进制计数器

N 进制计数器的设计方法有反馈清零法和反馈置数法两种。

反馈清零法适用于有清零输入端的集成计数器。

反馈清零法原理：不管输出处于哪一种状态，只要在清零输入端加一有效电平电压，输出会立即从当前状态回到 0000 状态，清零信号消失后，计数器又可以从 0000 开始重新计数。

反馈置数法适用于具有预置数功能的集成计数器。

对于具有预置数功能的计数器，在其计数过程中，可以对它输出的任意一种状态进行译码产生一个预置数控制信号并反馈至预置数控制端，在下一个 CP 脉冲作用后，计数器会把预置数输入端 A、B、C、D 的状态置入输出端。预置数控制信号消失后，计数器就从被置入的状态开始重新计数。

用同步清零端或置数控制端清零构成 N 进置计数器的步骤如下。

（1）写出状态 S_{N-1} 的二进制代码。

（2）求清零逻辑，即求同步清零端或置数控制端信号的逻辑表达式。

（3）画连线图。

用异步清零端或置数控制端清零构成 N 进置计数器的步骤如下。

（1）写出状态 S_N 的二进制代码。

（2）求清零逻辑，即求异步清零端或置数控制端信号的逻辑表达式。

（3）画连线图。

在前面介绍的集成计数器中，清零、置数均采用同步方式的有 74LS163；均采用异步方式的有 74LS193、74LS197、74LS192；清零采用异步方式、置数采用同步方式的有 74LS161、74LS160；有的只具有异步清零功能，如 CC4520、74LS190、74LS191；74LS90 则具有异步清零和异步置 9 功能。

例 4：用 74LS163 构成一个十二进制计数器。

（1）写出状态 S_{N-1} 的二进制代码：$S_{N-1}=S_{12-1}=S_{11}=1011$。

（2）求清零逻辑：$\overline{CR}=\overline{LD}=\overline{P}_{N-1}=\overline{P}_{11}$，$P_{N-1}=P_{11}=Q_3^n Q_1^n Q_0^n$。

（3）画电路图，如图 2.4.25 所示。

注意：图 2.4.25（a）中的 $D_0 \sim D_3$ 的输入可随意处理，图 2.4.25（b）中的 $D_0 \sim D_3$ 端必须都输入 0。

例 5：用 74LS161 构成一个十二进制计数器（用异步清零端 $\overline{CR}$ 清零）。

（1）写出状态 S_N 的二进制代码：$S_N=S_{12}=1100$。

（2）求清零逻辑：$\overline{CR} = \overline{Q_3^n Q_2^n}$。

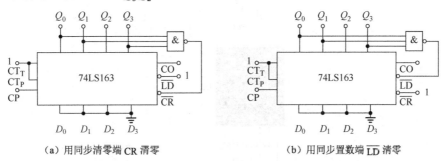

（a）用同步清零端 CR 清零　　　　　　（b）用同步置数端 $\overline{LD}$ 清零

图 2.4.25　用 74LS163 设计的十二进制计数器电路图

（3）画电路图，如图 2.4.26 所示。

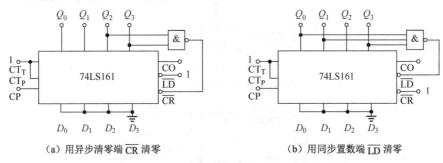

（a）用异步清零端 CR 清零　　　　　　（b）用同步置数端 $\overline{LD}$ 清零

图 2.4.26　用 74LS161 设计的十二进制计数器电路图

例 6：用两个 74LS161 构成 8 位二进制（二百五十六进制）同步计数器。

连接电路，如图 2.4.27 所示，在低位片计至"15"之前，$CO_{低}=0$，禁止高位片计数；当低位片计至"15"时，$CO_{低}=1$，允许高位片计数。这样，第 16 个脉冲到来时，低位片返回"0"，而高位片计数一次。每逢 16 的整数倍个脉冲来时，低位片均返回"0"，而高位片计数一次。这样就实现了 8 位二进制加法计数。

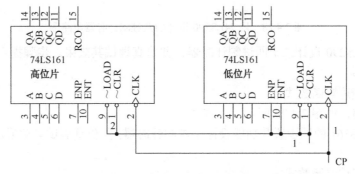

图 2.4.27　二百五十六进制计数器电路图

👉 2.4.2　动动手

（1）用 74LS290 设计八进制计时器，并仿真调试其效果。步骤提示如下。

① 计算 S_8。

② 列出反馈逻辑函数式。

③连接电路，如图 2.4.28，并调试。

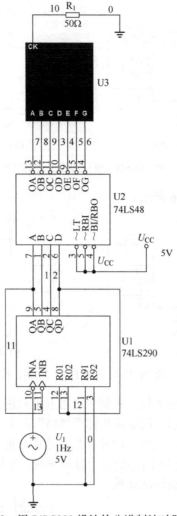

图 2.4.28　用 74LS290 设计的八进制计时器电路图

（2）用 74LS290 设计二十四进制计时器，并仿真调试其效果。步骤提示如下。

①计算 S_{24}。

②列出反馈逻辑函数式。

③连接电路，如图 2.4.29 所示，并调试。

（3）用 74LS161 的同步置数功能设计十进制计时器，并仿真调试其效果。步骤提示如下。

①计算 S_9。

②列出反馈逻辑函数式。

③连接电路，如图 2.4.30 所示，并调试。

（4）用集成计数器 74LS161 的异步清零功能设计十进制计时器，并仿真调试其效果。步骤提示如下。

①计算 S_{10}。

②列出反馈逻辑函数式。

③连接电路，如图 2.4.31 所示，并调试。

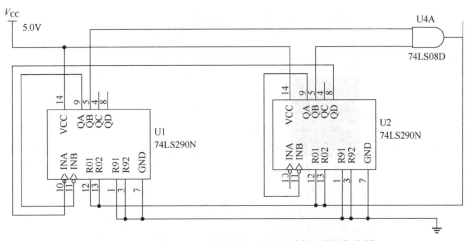

图 2.4.29　用 74LS290 设计的二十四进制计时器电路图

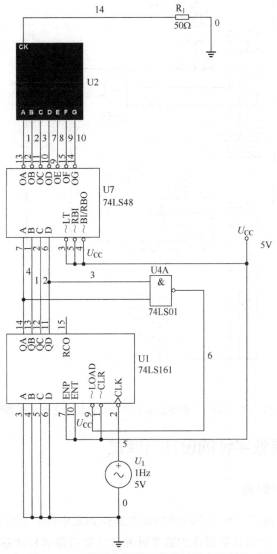

图 2.4.30　用 74LS161 的同步置数功能设计的十进制计时器电路图

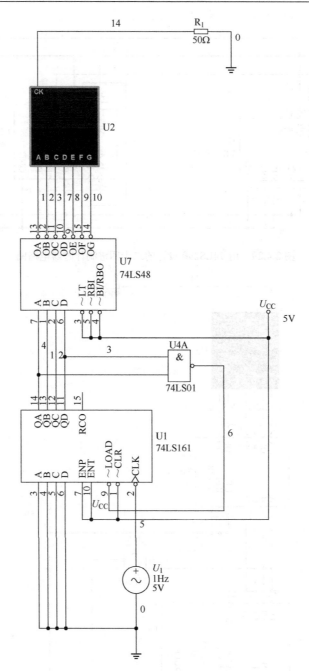

图 2.4.31　用 74LS161 的异步清零功能设计的十进制计时器电路图

任务 2.4.3　简易数字钟的设计与调试

1. 设计 24 小时计时器

用两个 74LS290 设计一个二十四进制计数器作为数字钟的小时计数电路，分别用两个 74LS290 设计两个六十进制计数器作为数字钟的分计数电路和秒计数电路，并将 60 秒进位给分脉冲，60 分进位给时脉冲，如图 2.4.32 所示。

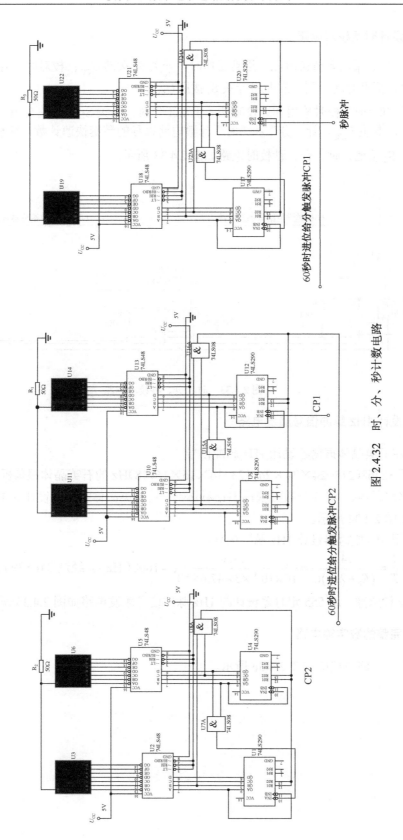

图 2.4.32 时、分、秒计数电路

2．设计时间校对电路

"秒"校时采用等待校时法。正常工作时，开关 S_1 拨向 U_{CC}；校对时，开关 S_1 接地，暂停秒计时。标准时间一到，立即将开关 S_1 拨回 U_{CC}。

"分"和"时"校时采用加速校时法。正常工作时，开关 S_2 和开关 S_3 接地；校对时，将开关 S_2、S_3 拨向 U_{CC}，让"分"和"时"计数电路以秒的节奏快速计数，标准时间一到，立即将开关 S_2 接地。时、分、秒校时电路如图 2.4.33 所示。

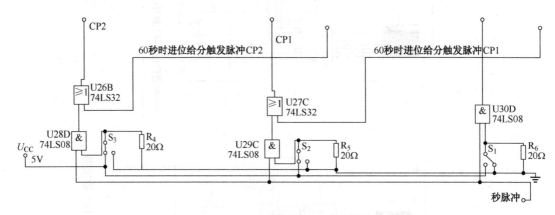

图 2.4.33　时、分、秒校时电路

3．设计 1Hz 脉冲信号触发电路

1）用石英晶体振荡器设计 1Hz 脉冲信号

采用 32768（$2^{15}=2^4×2^4×2^4×2^3=16×16×16×8$）Hz 的石英晶体振荡器，经过 74LS161 三级 16 分频再经一级 8 分频后获得 1Hz 秒脉冲。用石英晶体振荡器设计的 1Hz 脉冲信号触发电路如图 2.4.34 所示。

2）用 555 定时器设计 1Hz 脉冲信号

$$f=\frac{1}{T}=\frac{143}{(R_1+2R_2)C}=\frac{1.43}{10×10^{-6}×3×47.6×10^3}≈1000（Hz）$$，经过 74LS290 三级 10 分频后

获得 1Hz 秒脉冲。用 555 定时器设计的 1Hz 脉冲信号触发电路如图 2.4.35 所示。

4．完整的数字钟电路

数字钟电路原理图如图 2.4.36 所示。

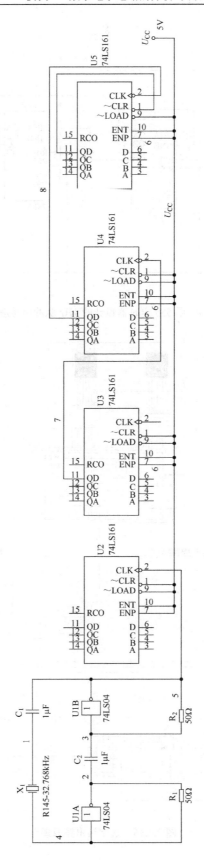

图 2.4.34　用石英晶体振荡器设计的 1Hz 脉冲信号触发电路

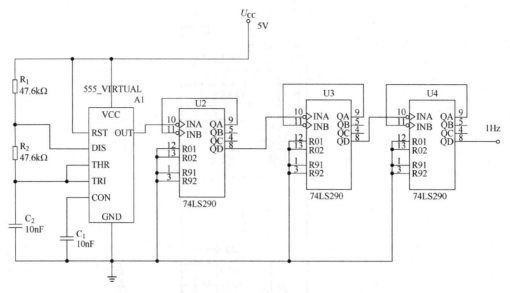

图 2.4.35　用 555 定时器设计的 1Hz 脉冲信号触发电路

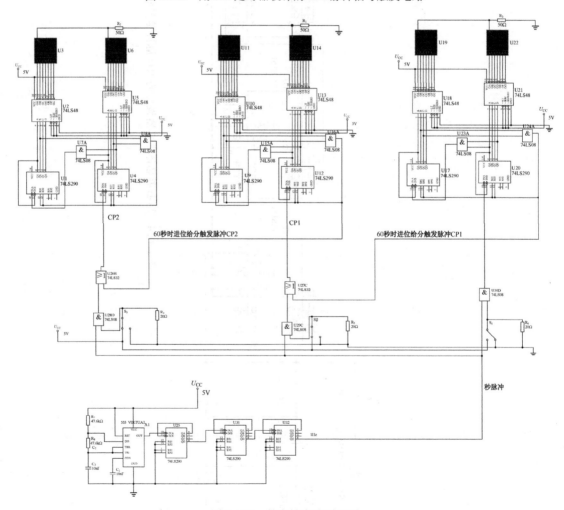

图 2.4.36　数字钟电路原理图

2.4.3　动动手

调试 24 小时计时器。

（1）调试如图 2.4.32 所示的时、分、秒计数电路。

（2）调试将如图 2.4.33 所示电路接到图 2.4.32 所示时、分、秒计数电路中的校时效果。

（3）调试如图 2.4.34 和图 2.4.35 所示的秒脉冲触发电路，分别用示波器观察 1000Hz 输出脉冲和每级分频后的脉冲。

（4）调试如图 2.4.36 所示的数字钟电路。

课后自测

一、选择题：

1．脉冲整形电路有（　　）。
　　A．多谐振荡器　　　　　　　　　B．单稳态触发器
　　C．施密特触发器　　　　　　　　D．555 定时器

2．多谐振荡器可产生（　　）。
　　A．正弦波　　　　　　　　　　　B．矩形脉冲
　　C．三角波　　　　　　　　　　　D．锯齿波

3．石英晶体多谐振荡器的突出优点是（　　）。
　　A．速度高　　　　　　　　　　　B．电路简单
　　C．振荡频率稳定　　　　　　　　D．输出波形边沿陡峭

4．555 定时器可以组成（　　）。
　　A．多谐振荡器　　　　　　　　　B．单稳态触发器
　　C．施密特触发器　　　　　　　　D．JK 触发器

5．用 555 定时器组成施密特触发器，当输入控制端 CO 外接 10V 电压时，回差电压为
（　　）。
　　A．3.33V　　　　　　　　　　　B．5V
　　C．6.66V　　　　　　　　　　　D．10V

二、计算题

1．由 555 定时器构成的单稳态触发器的脉冲宽度如何计算？

2．图 2.4.37 为由 555 定时器构成的多谐振荡器电路，已知 $U_{CC}=10V$，$C=0.01\mu F$，求振荡周期 T，并画出相应的 u_o 及其波形。

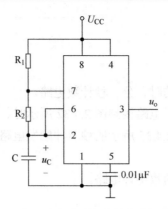

图 2.4.37　由 555 定时器构成的多谐振荡器电路

三、设计题

1. 基于 555 定时器及同步计数器 74LS161 设计简易秒表电路。

2. 基于石英晶体多谐振荡器及异步计数器 74LS290 设计简易厨房计时器。